好奇孩子大探索

真的假的？原來植物這麼妙

監修 菅原久夫　繪圖 白井匠、栗原崇
翻譯 李彥樺　審訂 葉綠舒 慈濟大學通識教育中心助理教授

植物是不起眼的東西（笑）。
不過是動物的食物。
連動也不能動。
真是太弱小了。

只是背景的一部分罷了。
隨便都看得到。
看我把它拔起來。
不不不，那你就錯了！
喂！

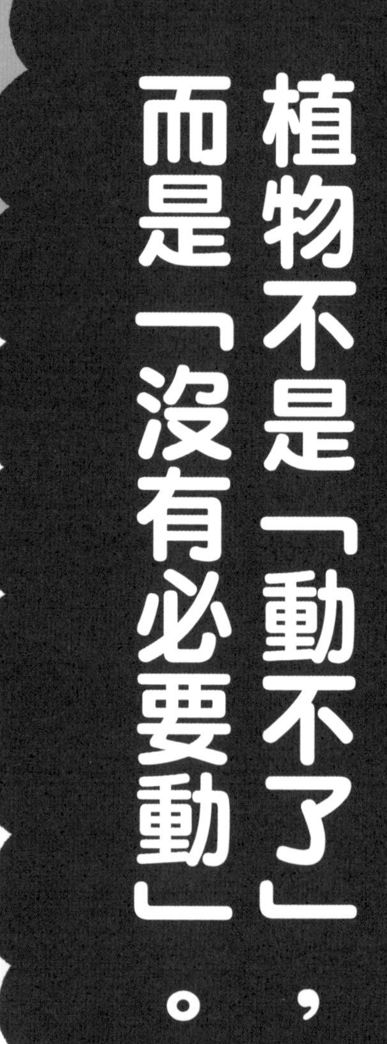

植物不會動，是因為它和動物不一樣。
就算不用動也能活得很好，
其祕訣就在於「**光合作用**」。
它不是「動不了」，而是「沒有必要動」。

溫暖溫暖

悠哉悠哉～

二氧化碳

光

好吃！好吃！

不斷成長

氧氣

水

光合作用是一種能**以光和二氧化碳製造出碳水化合物（植物的身體成分）**的機制，所以根本沒有必要進食或移動。

相較之下，動物雖然能動，但是……

噠噠噠噠

噠噠噠噠

唉！逃得好累……

唉！追得好累……

整天忙於工作……

慌張

慌張

植物被吃是「故意的」。

對植物來說，**不動**是一種有助於存活的**「戰術」**。但有一個缺點，那就是後代只會生長在自己的周圍。這麼一來，就有可能發生**日照不足**、**營養不夠**，或是被動物**一口氣全部吃光光**的風險。

為避免這種事情發生，植物想了一個對策，**既然自己不想動，就利用那些會動的動物**，方法之一是讓動物把自己吃掉。

除了利用鳥類、人類等各種動物之外，有些植物還能利用昆蟲、風或水來幫忙散播種子或花粉。

嗯！真是太美味了。
拉出！
種子會隨著糞便排出，不會被消化。
咚！
冒出
這麼一來，種子就能在距離親株很遠的地方發芽。
人類會大量栽培植物。
在田裡多種一些吧！
撒下
踏遍世界！
有些雜草可是靠著讓種子偷偷黏附在人類的鞋底或出口貨物上，最後讓子子孫孫遍及全世界呢！
不……是征服世界！

要是瞧不起植物，可能會丟掉小命！

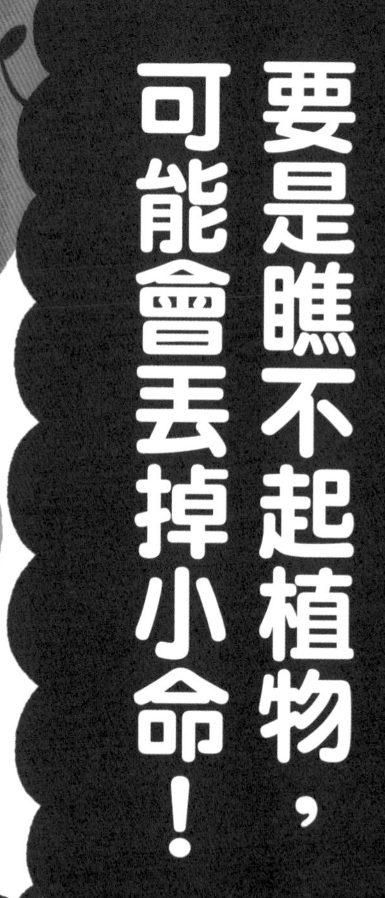

前一頁提到植物雖然會故意讓動物**吃掉自己**，但不會任憑牠們把自己的同伴全部吃光光。為了不讓動物吃掉太多，很多植物都有一套**保護自己的方法**，而每種植物保護自己的方法都不相同，可能是用**尖刺**或**毒性**，也可能是用難聞的氣味。

這就是最強的植物裝備
各種不同的武器！
會讓動物發癢
尖刺
吃了會死的毒性
會腐蝕動物身體的汁液
攻擊！
很辣
很澀
很黏稠
很苦
很酸
很臭

更重要的是沒有植物，動物根本沒有辦法呼吸。

哇！森林裡的空氣好新鮮。

置身在植物很多的自然環境裡，是不是會覺得空氣很清新？但是這種讓人覺得舒服，同時也是動物呼吸所不可或缺的**氧氣**，其實是植物進行光合作用時排出的**廢氣**哦！

咦？你們聞到的是植物放出的廢氣啦（笑）！

噗噗噗～

O_2 氧氣

地球的主導權掌控在
植物的手中。
轟
轟
轟
轟
轟

轟
植物是世界的主宰者，
為了自己著想，是不是
應該對植物多一點了解？

好奇孩子大探索 真的假的？原來植物這麼妙

※本書中指的「植物」為俗稱，除了植物界的植物外，也包含原生生物界中的藻類和真菌界中的生物。

目次

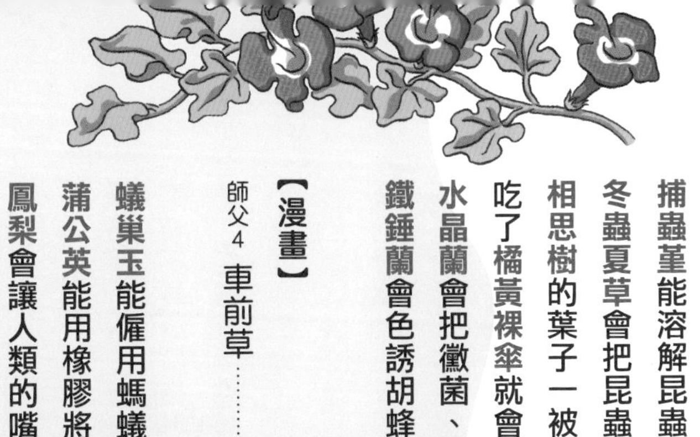

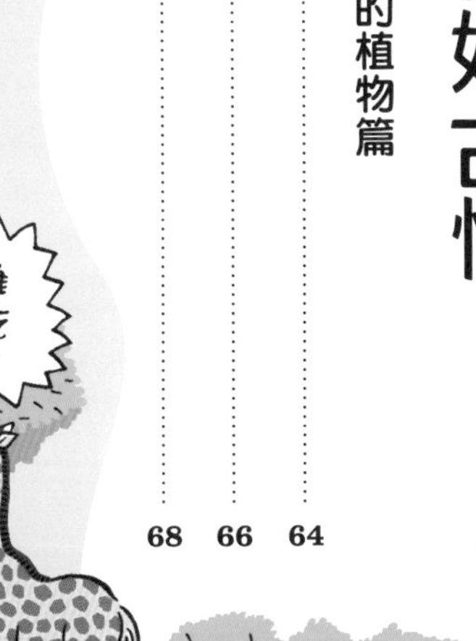

難吃！

第3章
瘋狂到好古怪

第4章 毫無道理可言的古怪……141

咦？
好詭異的漫畫！

植物的愛情總是來得如此突然！

對不起……
咦？
啊！
緊張

為什麼？我明明這麼愛著你……
你想知道原因嗎？
泪喪

因為你太孩子氣了！
做事莽莽撞撞的
衝擊
太孩子氣？

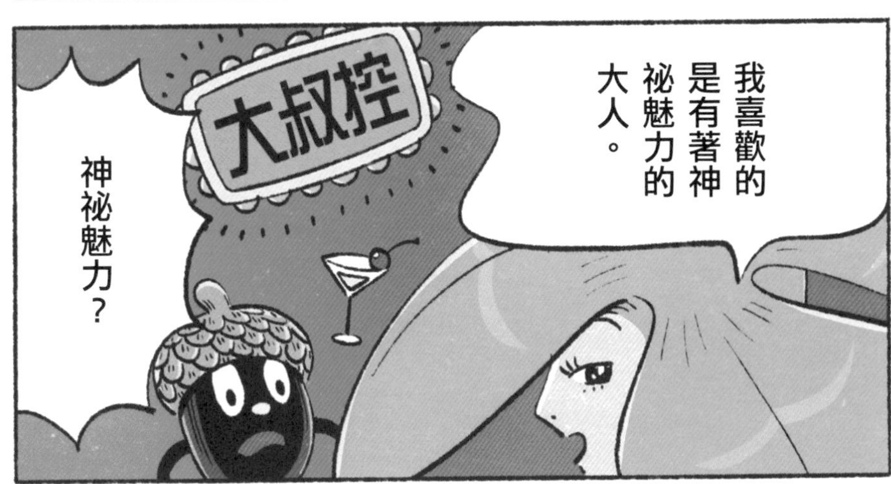
我喜歡的是有著神祕魅力的大人。
大叔控
神祕魅力？

滾滾太郎的愛情能修成正果嗎？

第1章

厲害得好古怪

越強的男人，越受女生歡迎！首先我要找個厲害又神祕的植物當師父！

衝啊！

厲害又古怪的植物篇

在哪裡呢？

師父1 阿拉伯芥

午安！阿拉伯芥先生，聽說你很厲害。

呵呵

呃……但你看起來不太厲害的樣子。

讓我來說明吧！阿拉伯芥一旦聽見自己正在被吃的聲音，就會分泌毒素！

阿拉伯芥為了保護自己，會分泌出一種名叫「芥油」的毒素，但唯有在葉子被吃時，才會分泌這種毒素，因為阿拉伯芥是靠「葉子被吃的聲音」來進行反擊，這種冷靜化解危機的作法是不是很酷？

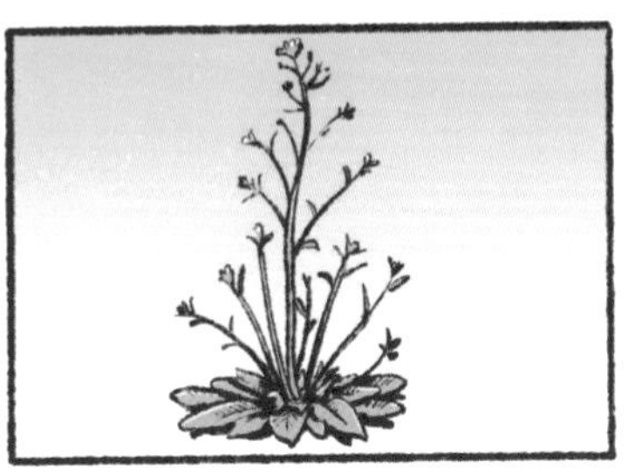

學名	*Arabidopsis thaliana* （十字花科）
分布	歐亞大陸和非洲
大小	高約15～30公分
附註	在日本是路邊經常可看見的植物，每年4～5月會長出直徑約5毫米的白色花朵。

師父2 皇帝豆

午安！皇帝豆先生，請問你有什麼地方很厲害呢？

啊？

嗯！

看起來同樣一點也不厲害。

哇！有蜱蟎在吃你吔！

咬咬咬

真的吔！

咬咬咬

嘿嘿！

嘿嘿嘿嘿嘿嘿

您叫我們嗎？皇帝豆大人！

殺！

是呀！♥

殺！

噠

噠

噠

竟然來了一群肉食性的蜱蟎。

噠

大家上啊！

噠

讓我來說明吧！當出現敵人（草食性蜱蟎）時，皇帝豆可是會召喚一群保鏢（肉食性蜱蟎）呢！

能找人來幫忙，這樣也算是很厲害的吧……

當有草食性蜱蟎在吃皇帝豆的葉子時，皇帝豆會排放出一種氣體，吸引肉食性蜱蟎來將草食性蜱蟎吃掉。不用自己動手就能消滅敵人，這種善用小聰明的作法是不是很有魅力？

學名	*Phaseolus lunatus*（豆科）
分布	栽種於熱帶和亞熱帶地區
大小	莖的長度最長約4公尺
附註	剛長出的果實很香甜，可以煮來吃，但是成熟之後的果實有毒，要特別注意。

師父3 牛膝

午安！牛膝先生，請問你是哪一點厲害？

咬咬咬

嘻嘻

嘻嘻

啊，你頭上有蟲！

沒關係！沒關係！

讓我來說明吧！牛膝趕走天敵的方法，是讓牠們以非常快的速度長大！

唉呀呀——

長大了？

飛飛飛

毛毛蟲一下子就變成蟲了！

再會了！

家裡來了討厭的客人，就讓牠們趕快離開的意思嗎？

牛膝的葉子含有「蛻皮激素」，能讓幼蟲不斷的蛻皮，提早變成成蟲。怎麼聽起來像是在談戀愛？熱戀時甜甜蜜蜜，感情冷淡了就把你一腳踢開。哈哈哈！

學名	*Achyranthes bidentata*（莧科）
分布	日本、臺灣、中國、韓國等
大小	高約1公尺
附註	果實上有小刺，能附著在動物的毛皮或人類的衣服上，散布到很遠的地方。

魔鬼爪連獅子也可以打敗
我投降了。
尖刺度

植物界裡有一種草，能輕**易打敗動物界號稱萬獸之王的獅子**。這種草稱作「魔鬼爪」，長大後會在地面上散布長有硬刺的果實，而且硬刺上有「倒鉤」，就像魚鉤一樣，一旦踩到就無法輕易拿下來。

哪隻獅子要是不長眼踩上了一腳，就會被迫將果實帶往遙遠的地方，而且每走一步，尖刺會扎得越深，當然也就越疼痛。獅子要是接著試圖用牙齒將果實咬下來，那就更慘了，**果實上的硬刺就會扎進獅子的嘴裡**。

無法走路也無法進食的獅子，可能就這麼死於非命，**成為魔鬼爪的養分**。

植物資料

學名	*Harpagophytum procumbens*（胡麻科）
分布	南非
大小	果實直徑約10～15公分
附註	果實非常可怕，花朵卻是非常可愛的喇叭狀。

不只是獅子，就算是大象或犀牛，踩到了也會甩不掉。

捕蠅草只會捕捉昆蟲

正確無比度

捕蠅草是一種食蟲植物，兩片大葉子就像嘴一樣，一旦有昆蟲進入裡頭，捕蠅草就會闔上葉子，接著花**7～10天的時間慢慢把昆蟲消化掉**。要是雨滴或小樹枝進入嘴裡，捕蠅草並不會誤以為是昆蟲而把嘴闔上。這是因為**捕蠅草闔嘴的速度雖然快，但是得花24小時的時間才能把嘴再張開**，不能不謹慎些。

為了避免誤判，捕蠅草的葉子內側有6根「感覺毛」，只有1根感覺毛碰到東西時，葉子並不會闔上，必須在20秒內有兩根以上的感覺毛碰到東西，葉子才會闔上。捕蠅草就是**藉由這種方法，來判斷葉子裡的東西是不是生物**。

植物資料

學名	*Dionaea muscipula*（茅膏菜科）	大小	葉片長度約3～12公分
分布	北美洲	附註	體型非常小的昆蟲還是能從縫隙逃走。

闔上葉子的動作只需0.1～0.3秒，快到讓人看不清楚。

逆境求生度

臭菘能自行發熱將雪融化

臭菘是一種生長於高山溼地的植物，每年在3月至5月中旬開花。

這個時期山上通常還相當寒冷，地面上有著積雪。好不容易開了花朵，要是埋進了雪裡，就失去意義了。

因此臭菘會發熱，把礙事的雪融化掉。每當開花時，臭菘會讓植株的溫度提升至20℃左右，**持續大約一星期的時間，讓周圍的雪融化**。

像這樣趁著競爭對手較少的時期在地上開出花朵，較有機會讓昆蟲為自己散播花粉，如此一來，子孫順利存活的機率也會大增，是不是很厲害？

植物資料

學名	*Symplocarpus renifolius*（天南星科）	大小	高約20公分
分布	亞洲東北區域	附註	中心的黃色部分才是花，外圍的部分稱作「佛焰苞」。

臭菘會放出臭氣吸引昆蟲，所以在日本有「臭鼬高麗菜」的別稱。

愛上廁所度
舔舔舔
馬來王豬籠草裡囤積的糞便能淹死樹鼩
ㄑㄩˊ
馬來王豬籠草和它的好朋友

馬來王豬籠草是相當巨大的食蟲植物，袋子大小相當於2公升的寶特瓶。它能散發出香甜的氣味，吸引昆蟲上門。袋子裡有許多消化液，昆蟲一旦跌進去，身體就會被溶解，成為馬來王豬籠草的食物。

這種植物的形狀是不是長得有點像馬桶？事實上它也很擅長**收集動物的糞便**。當山地樹鼩（*Tupaia montana*）在袋口舔食蜜汁時，就會把非常營養的糞便排放進袋子裡。

有時候，連樹鼩也會不小心掉進袋子裡，袋內的壁面相當光滑，一旦掉進去就再也爬不出來了，**最後會和自己排放的糞便一起被消化液溶解。**

植物資料

學名	*Nepenthes rajah*（豬籠草科）
分布	婆羅洲（馬來西亞）
大小	袋子長度約30公分
附註	有時還會有鳥類或蝙蝠掉進去。

可以吃到香甜的蜜汁好開心，但是掉下去可是會丟掉性命。

糞便

可以成為馬來王豬籠草的養分。

昆蟲

掉進去就只能等死，身體會被溶解，成為養分。

巨山蟻取走蜜汁時，會順便清理袋口，是互利共生的好友。

捕蟲堇
能溶解昆蟲

這種植物雖然長得很像堇菜，卻不是堇菜，它是一種「狸藻科」的食蟲植物。

捕蟲堇大多生長在潮溼的懸崖上或泥炭沼澤中。如果你以為這只是一種能忍受嚴苛環境的可愛植物，那你就錯了。**在美麗又很像堇菜的花朵底下，有著宛如舌頭一般的葉子，靜靜的等著昆蟲自投羅網。**

葉子的表面又溼又黏，昆蟲一旦落在上頭，就再也無法逃走了。接著葉片會像舌頭一樣捲起，把昆蟲包在裡頭慢慢溶解。**等昆蟲溶解後，葉子的表面仍會留下一點黑色的殘渣。**

植物資料

學名	*Pinguicula vulgaris*（狸藻科）	大小	葉片長度約3～5公分
分布	北半球的寒帶地區	附註	會捕捉昆蟲和花長得很像堇菜，故稱作捕蟲堇。

葉子的表面長著很多香菇狀的短毛，能分泌出黏稠的液體。

驚悚度

冬蟲夏草會把昆蟲當成食物

冬蟲夏草是一種經常使用在中藥和中式料理的蕈菇類。名稱雖然好聽，成長方式卻相當殘忍，它會「**寄生在昆蟲體內，吸乾其養分，然後從昆蟲的身上長出來。**」聽起來讓人毛骨悚然，對吧？

由於冬蟲夏草屬於真菌類，所以並沒有種子。它會尋找在土裡冬眠的昆蟲或其幼蟲，再將名為「菌絲」的構造伸入這些昆蟲的體內，**溶解昆蟲的身體並吸收，成為自己成長的養分。**到了夏天，它就會以蕈菇的姿態探出地面。

將冬蟲夏草拔起來時，底下會連著乾掉的昆蟲屍體。

植物資料

學名	*Cordyceps sinensis*（麥角菌科）	大小	依寄生的昆蟲大小而改變
分布	世界各地	附註	目前已知世界上有數百種的冬蟲夏草。

據説被冬蟲夏草寄生的昆蟲會死得痛苦萬分。

相思樹的葉子一被咬，就會變得非常難吃

相思樹是生長在非洲大陸等地的樹種，枝葉之間有能保護自己的長長尖刺。

但長頸鹿、駱駝和山羊等動物根本不怕這種尖刺，牠們的嘴部非常硬，可以毫不理會尖刺，吃掉周圍的葉子。

於是相思樹想出一個對抗的方法，就是不斷往上生長，讓樹幹足足有四層樓高。這麼一來，大部分的動物都吃不到它的葉子了。

但這樣還是提防不了長頸鹿，因為長頸鹿的脖子很長，還是能吃到相思樹的樹葉。相思樹煩惱許久後又想出一個對策，就是當長頸鹿開始吃它的葉子時，它就會分泌毒素，讓

葉子變難吃。不僅如此，相思樹還會從葉子上的小孔放出氣體，提醒附近的相思樹「**有人正在吃我們**」。這麼一來，就連**附近的相思樹也會開始分泌毒素，讓葉子也變難吃。**

可惜長頸鹿似乎一點也不在意這種小事，牠們會移動到其他地方，繼續吃還沒有變難吃的相思樹。

植物資料

學名	*Vachellia erioloba*（豆科）
分布	南非
大小	高約12公尺
附註	雖然枝葉之間有長刺，但長頸鹿還是可以利用舌頭巧妙的吃到葉子。

葉子開始被吃大約2～3分鐘之後，就會變難吃。

莫名其妙度

吃了橘黃裸傘就會笑個不停

橘黃裸傘俗稱「大笑菇」，生長的季節在夏季至秋季，通常生長在櫟樹、山毛櫸等樹木上。雖然外形和可食用的金褐傘很像，但是**橘黃裸傘有股汗臭味，不僅又苦又難吃，而且還有毒。**

據說誤食橘黃裸傘的人**會看見幻覺，臉上還會露出笑嘻嘻的表情。**

但那可不是因為幻覺太有趣才被逗笑，而是臉部的肌肉因為橘黃裸傘的毒素而出現抽搐的症狀。當事人不僅一點也不開心，**還會感到頭暈、想吐，可說是相當痛苦的。**千萬別因為好像很有趣，就想嘗試一下。

植物資料

學名	*Gymnopilus junonius*（絲膜菌科）	大小	菌傘的直徑約5～15公分
分布	世界各地的闊葉樹林	附註	食用後約5～10分鐘就會開始出現症狀。

橘黃裸傘的毒素可溶於水，有人會先煮過，去除毒素後再食用。

水晶蘭會把黴菌、菇類吃掉

陰氣沉沉度

大部分的植物都必須晒太陽才能合成必要的養分。換句話說，如果不小心生長在晒不到太陽的地方，那可說是死路一條，但是水晶蘭這種植物卻完全顛覆了植物界的常識。

水晶蘭完全不需要太陽光也能生長，因此甚至沒有能用來接受陽光的葉子。

那麼水晶蘭要如何取得養分呢？答案就是**吃黴菌和菇類**。它會伸出形狀像珊瑚的根，尋找地底下的黴菌和菇類，吸收其營養讓自己成長。

當吸收了足夠的營養後，就會開出**像眼球妖怪的花朵**。

植物資料

學名	*Cheilotheca humilis*（鹿蹄草科）	大小	高度約5～20公分
分布	東亞	附註	約在4～7月開花，一株就能開出很多花朵。

水晶蘭生長在陰暗的地方，外形細長且顏色蒼白，又被稱「幽靈菇」。

鐵錘蘭會色誘胡蜂

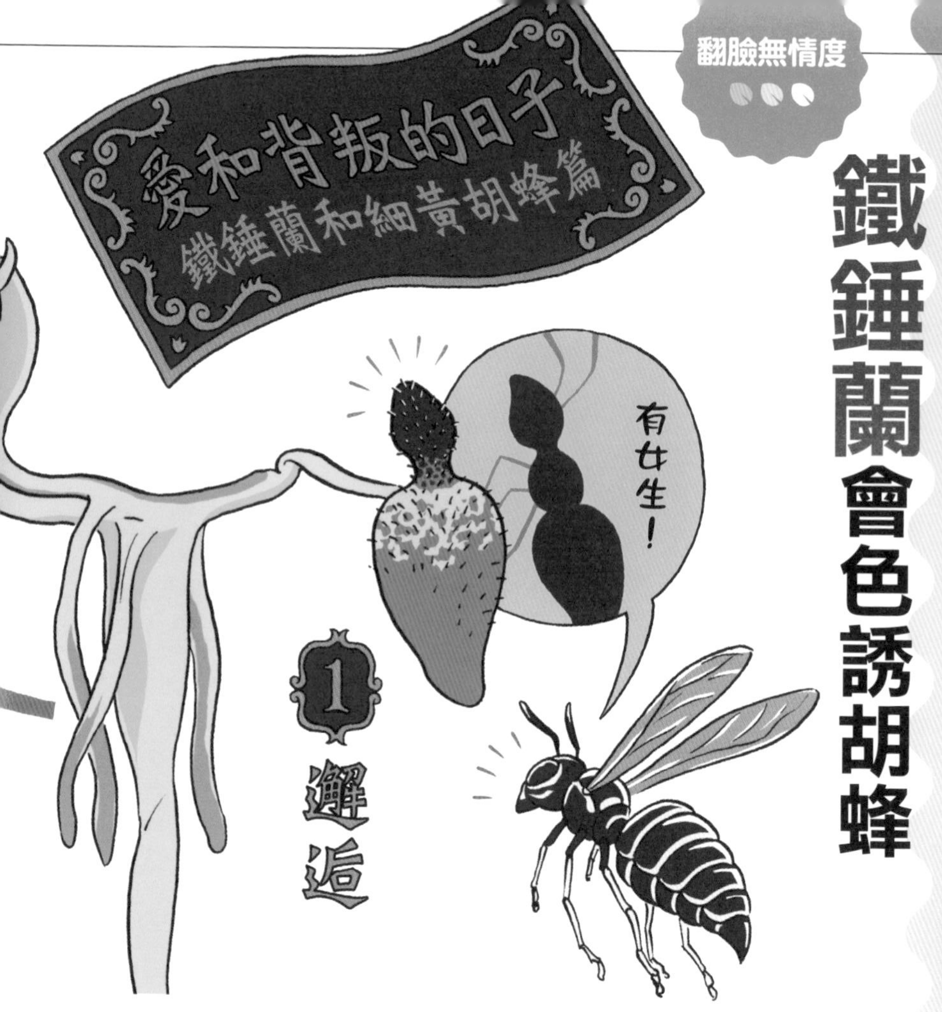

鐵錘蘭可說是最聰明的植物之一，要知道它有多厲害，**首先得先了解苦主細黃胡蜂的習性**。

細黃胡蜂是一種把蜂窩築在地底下的蜂種。雌蜂並沒有翅膀，只有在想要交配的時候才會爬出蜂窩，站在草葉上等待雄蜂。當雄蜂發現雌蜂，就會把雌蜂抱起來飛走，並完成交配。

鐵錘蘭的花朵和細黃胡蜂的雌蜂外形非常像，雄蜂看見了會誤以為是雌蜂，因此飛過去抱住花朵，想要帶著花朵飛走。就在這個瞬間，**花朵的基部會突然旋轉，讓雄蜂的頭像鐵鎚一樣撞在雄蕊上**，此時雄

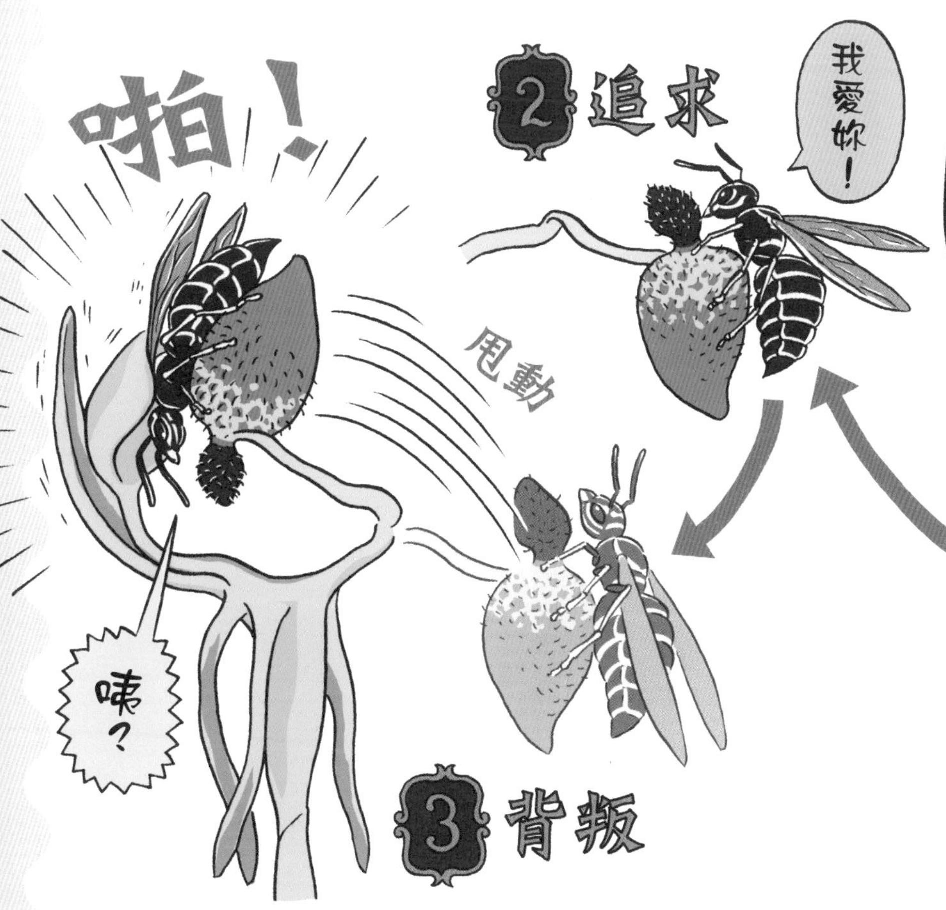

蜂的背部就會沾上花粉。

但雄蜂可不會被騙一次就學乖，接下來牠又會誤以為其他的鐵錘蘭是雌蜂，再一次抱上去，下場當然是頭部再度慘遭撞擊。

最後**雄蜂還是沒能和雌蜂終成眷屬，倒是鐵錘蘭已經藉此完成了授粉的動作。**

植物資料

學名	*Drakaea* spp.（蘭科）
分布	澳洲西南部
大小	高約10～40公分
附註	在澳洲有好幾種蘭花，都會像這樣欺騙昆蟲。

鐵錘蘭的花朵不僅形狀和雌蜂相似，而且還會散發出類似的氣味。

師父4 車前草

車前草先生，你看起來也很平凡，真的很厲害嗎？

這個嘛……

我也不知道。

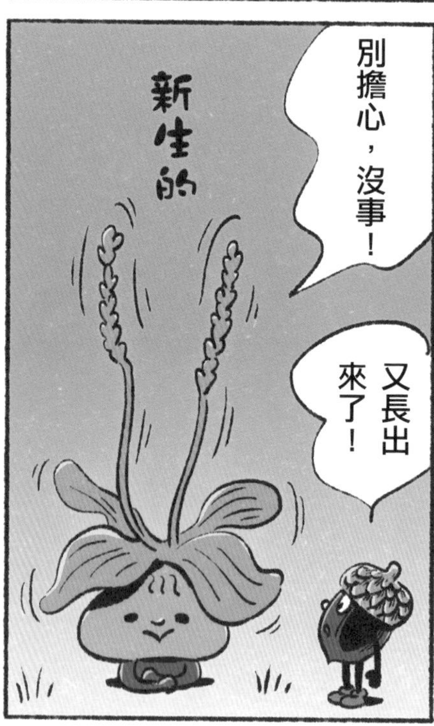

讓我來說明吧！在經常受到人類踐踏的嚴苛環境下，車前草反而能活得很好，大量繁衍子孫！

咚！
哇！
這次是被踩了一腳！

沒事！
咳咳！
噢噢……

我順便在人類的鞋底黏上了種子。
帶到遠方播種！
真有一套！

這種反過來利用嚴苛環境的能力，真的很厲害！

每株車前草約有2000顆種子，種子碰到水會產生黏滑的汁液。因此每到下雨，人類踩到車前草，種子就會沾在鞋底，被帶往各處播種。這種不畏逆境的堅強求生意志，值得我們學習。

學名	*Plantago asiatica*（車前草科）
分布	東亞
大小	高約10～30公分
附註	車前草遭到踐踏也能堅強的活下去，在行人通行的道路旁，經常可見它的身影。

謹慎小心度
蟻巢玉能僱用螞蟻當自己的保鏢
蟻巢玉公寓
為您提供奢華、安全又舒適的居住空間。
條件
請保護公寓不受其他動物侵犯。
房租
就是您的便便，要多拉一點唷！
真是好地方！
好棒！
我也想住！

蟻巢玉是一種「附生植物」，會附著在紅樹林之類的森林樹幹上。大小差不多像籃球一樣大，內部有許多的空隙，形成宛如迷宮一般的空間。**它藉由將身體提供給螞蟻當作巢穴，讓螞蟻保護自己不受其他動物的侵犯。**

最有趣的是，**房間的顏色會因使用的目的而有所差別**。例如顏色明亮的房間，是給女王蟻產卵和養育幼蟲用的；而顏色較陰暗的房間，則用來堆放沒吃完的昆蟲屍骸或螞蟻的糞便。這些糞便對蟻巢玉來說，也是很有營養的東西，就當作是**螞蟻交給蟻巢玉的房租**吧！

植物資料

學名	*Hydnophytum* spp.（茜草科）
分布	東南亞
大小	團塊的直徑約1～20公分
附註	像這種和螞蟻有共生關係*的植物，稱作「蟻植物」。

＊共生關係：指不同種類的生物有相互依存的關係。

蟻巢玉的表面有很多能讓螞蟻進入的小孔。

黏糊糊度

蒲公英能用橡膠將敵人的嘴巴封住

蒲公英其實是相當堅強的植物，雖然它常常被小孩拔起來，被吹散上頭的絨毛，但**只要柏油路面有一點小縫隙，它就可以從裡頭鑽出來，開出美麗的花朵。**如此充滿生命力的植物，值得人類為它寫一首歌。

而且它還能像忍者一樣，用黏糊糊的橡膠封住敵人的嘴。

如果把蒲公英的花梗或葉切開，裡頭流出的白色汁液就是**液態的橡膠**，汁液接觸空氣後，就會變得黏稠、逐漸凝固。因此**毛毛蟲一旦咬了蒲公英的葉片，嘴會被黏住而無法張開。**毛毛蟲一定會嚇得手足無措，再也不敢咬蒲公英了。

植物資料

學名	*Taraxacum* spp.（菊科）	大小	高約10～30公分
分布	北半球的亞熱帶至寒帶地區	附註	蒲公英是由許多只有一片花瓣的小花所聚集而成的花朵。

這些橡膠汁液還有「繃帶」的效果，保護遭啃咬的部位不受細菌感染。

鳳梨會讓人類的嘴溶解

又痛又麻度

吃了鳳梨後，是不是會覺得嘴巴很刺、舌頭很麻？那是因為**嘴巴已經有一點被鳳梨溶解了**。

鳳梨的果實含有一種能讓肌肉軟化、溶解的成分，稱作鳳梨蛋白酶。有些人聽到這一點，會恍然大悟的說「**難怪糖醋排骨裡頭會加鳳梨，這樣排骨肉才會變軟**」，不過**鳳梨蛋白酶一旦加熱之後就會失去效力**，所以用在料理上只是單純的口味問題而已。

除此之外，鳳梨中還有一種名叫「草酸鈣」的微小針狀物質，舌頭會覺得刺痛正是這玩意搞的鬼。

植物資料

學名	*Ananas comosus*（鳳梨科）	大小	果實長度約20公分
分布	全世界的熱帶至亞熱帶地區廣為栽培	附註	鳳梨的莖很短，只會在頂端結一顆果實。

山藥、蘆薈和奇異果也含有草酸鈣。

無尾熊吃大便是因為尤加利樹葉太毒了

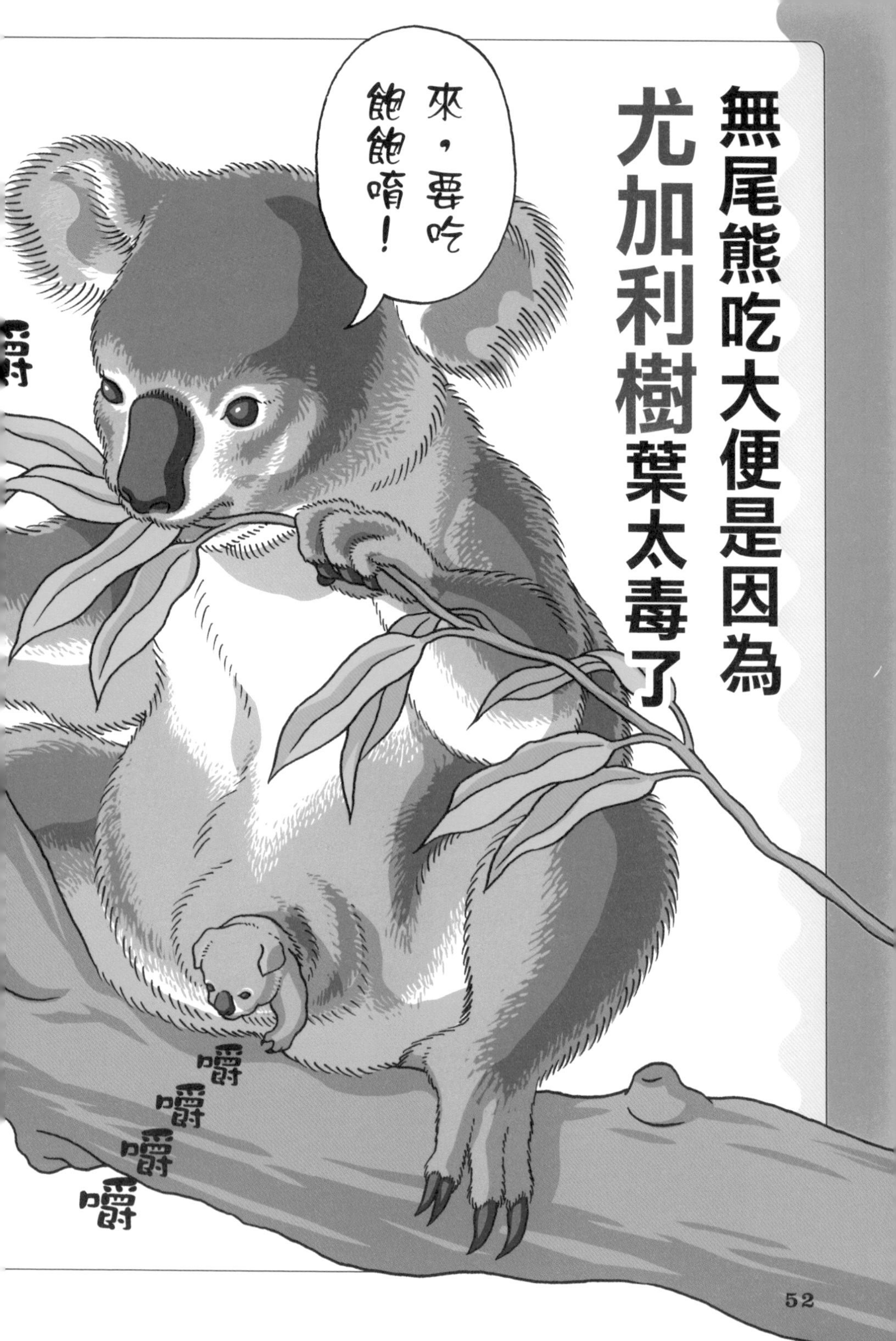

每一隻無尾熊母親都會送給孩子一項「禮物」，那就是**自己的大便**。

無尾熊的主食是尤加利樹葉，這種樹葉帶有非常強的毒素，其他動物吃了都會沒命。但無尾熊卻能將尤加利樹葉吃下肚而不會中毒，是因為**腸子裡有能將毒性中和的細菌**。由於只有無尾熊能吃尤加利樹，這讓牠們獲得一個想吃多少食物就有多少的美好環境。

但**剛出生的無尾熊沒有這種細菌，必須吃一陣子母親的大便，讓細菌在體內繁殖**，才能開始吃尤加利樹葉。因此**母親的大便對小無尾熊來說，像是進入吃到飽餐廳的入場券**。

植物資料

學名	*Eucalyptus* spp.（桃金孃科）
分布	澳洲（包含塔斯馬尼亞島）
大小	高約45～55公分
附註	葉子有著芬芳的香氣，能用來製作香氛精油。

怪食物度

尤加利樹的種類其實有600多種，無尾熊能吃的只有大約50種。

摸了金皮樹的葉子會痛兩年

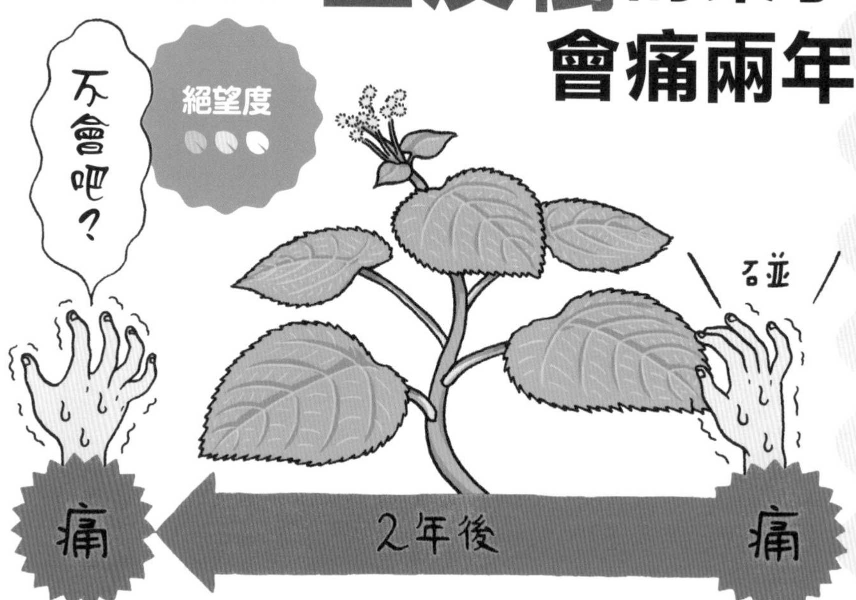

金皮樹的外表看起來平凡無奇，事實上，這種植物可是非常特別。

這是一種生長在澳洲的可怕植物，可怕到被形容成惡魔也不為過。

金皮樹在森林裡看起來毫不起眼，但如果人類**不小心摸了它，可是會像掉進地獄一樣慘。**金皮樹的葉子和莖上都有尖刺，一旦刺進皮膚裡，就會痛得有如遭受火烤，而且**疼痛的感覺會維持數個月至兩年的時間**，據說有人曾因為痛到受不了而自殺。

如果真的非接近長著金皮樹的森林不可，建議還是穿上防護衣以確保安全吧！

植物資料			
學名	*Dendrocnide moroides*（蕁麻科）	大小	高約1～3公尺
分布	澳洲東北部	附註	從莖到葉都長滿了小小的毒刺。

金皮樹的葉子相當柔軟，在森林裡上大號時千萬不能拿來當衛生紙使用。

樟樹會妨礙其他植物生長

壞心眼度

樟樹是一種很常見的樹種，在公園、寺廟等的地方都看得到，有些地方還把年老的樟樹當成「神木」景仰膜拜。但是樟樹也有相當邪惡的一面，因為它有時會**釋放出毒氣，阻礙其他植物生長**。

什麼時候呢？當樟樹的葉子被蟲啃咬時，就會釋放出一種名為「樟腦」的強烈氣味，**不僅昆蟲不敢靠近，就連附近的植物也會沒有辦法生長**。

至於為什麼樟樹要放出這樣的毒氣？或許它的想法很簡單無情，認為**「要讓討厭的昆蟲遠離，只要把昆蟲可以吃的植物都殺光就行了。」**

植物資料

學名	*Cinnamomum camphora*（樟科）	大小	高約20公尺
分布	日本、臺灣、中國等	附註	葉片的表面有光澤，搓揉會散發出一股清新的香氣。

染井吉野櫻這種櫻花的落葉，據說也有抑制其他植物生長的效果。

番茄是昆蟲殺手

番茄是生菜沙拉裡常見的蔬菜，**營養價值高，對人類來說是很好的食物，但在昆蟲眼裡卻是可怕的剋星。**

當番茄感覺到有蟲子在吃自己的葉子時，就會釋放出一種氣體可以讓周圍的番茄葉子帶有毒性，**這樣葉子上的幼蟲就會被毒死。**

不僅如此，番茄還會把昆蟲當成食物。番茄的莖上長滿黏稠的細毛，小蟲子一旦碰到就會動彈不得，落得死亡的下場。**這些蟲屍掉在泥土上，養分就會被根吸收，可說是非常具有環保概念的回收機制。**

不過番茄對人類完全無害，請安心享用。

植物資料

學名	*Solanum lycopersicum*（茄科）
分布	世界各地的熱帶至溫帶地區
大小	果實的直徑約1～8公分
附註	只要有一片葉子被咬，訊號就會傳遍整株番茄。

稻米、小黃瓜、茄子等植物也會釋放出可以殺死昆蟲的氣體。

在毒番石榴的樹下避雨會全身劇痛

毒番石榴的樹上總是長著很多看起來像蘋果的果實，所以有一個綽號叫「beach apple（海灘蘋果）」。如果摘下果實咬一口，滋味確實酸酸甜甜，相當好吃。**但是這種幸福感可不會維持太長的時間**，2、3分鐘後，就會開始喉嚨紅腫和痛苦的喘氣。

因為毒性太強，毒番石榴在2011年獲得金氏世界紀錄認定為「世界上最危險的植物」。就算只是**從樹枝上滴下來的水滴，也含有毒性**，因此如果在毒番石榴樹的樹下避雨，可能會全身紅腫潰爛。

為何這種植物會有這麼強的毒性，直到現在科學家依然找不出原因。

植物資料

學名	*Hippomane mancinella*（大戟科）	大小	高約15公尺
分布	南北美洲的熱帶地區至西印度群島	附註	有些地區會在毒番石榴樹的樹枝上懸掛危險標示牌。

如果焚燒毒番石榴，煙霧可能會導致雙眼失明。

危險度

烏頭的毒，連熊也不是對手

烏頭也是號稱最危險的劇毒植物之一，如果不小心吃下肚，不僅會四肢麻痺、痙攣，還會感到又痛又癢，彷彿皮膚底下有無數隻螞蟻在爬動，嚴重時還可能送命。

烏頭的劇毒在世界上相當有名，古代的歐洲人曾經拿來當作暗殺的工具；居住在日本北海道等地的阿伊努族，也曾經以塗上了烏頭汁液的毒箭來獵殺熊之類的猛獸。

或許有人會感到很好奇，被毒死的動物的肉還能吃嗎？**烏頭的毒素只要長時間加熱就會失去毒性，所以只要澈底燒烤或烹煮，食用是沒問題的。**

植物資料

學名	*Aconitum* spp.（毛茛科）	大小	高約1公尺
分布	北半球的溫帶至寒帶地區	附註	在植物界裡的毒性是最強的，縱觀整個自然界，也只僅次於河豚。

烏頭的毒素可以拿來製作成減緩疼痛的麻醉藥，是難得的好處。

無花果裡頭充滿了屍體

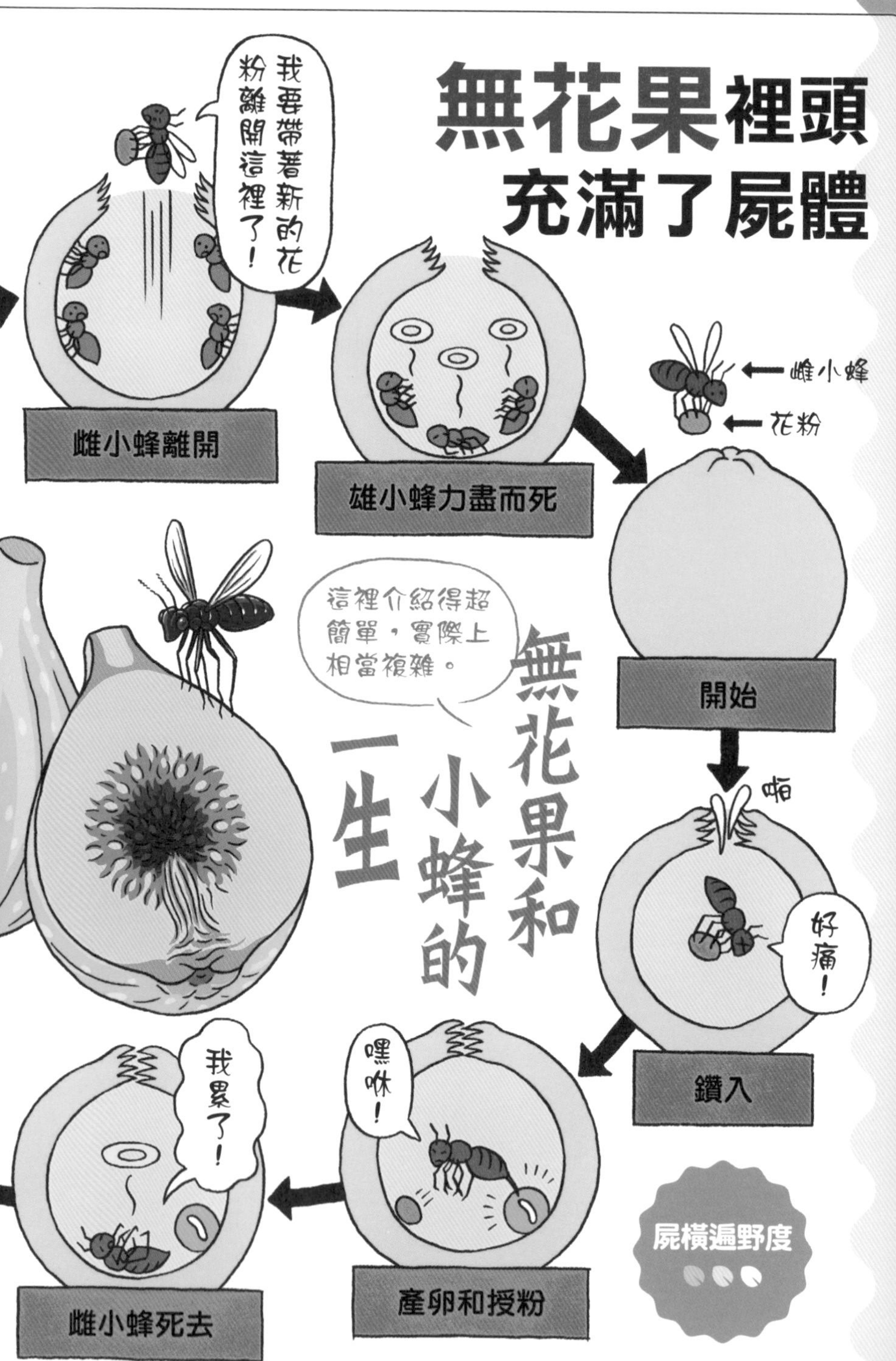

無花果和小蜂的一生
雌小蜂離開
我要帶著新的花粉離開這裡了！
雄小蜂力盡而死
雌小蜂
花粉
開始
啪
好痛！
鑽入
嘿咻！
產卵和授粉
我累了！
雌小蜂死去
這裡介紹得超簡單，實際上相當複雜。
屍橫遍野度

無花果雖然叫做無花果，但其實**並不是真的沒有花，只是從外觀看不到而已。**

看起來像果實的「花序」*裡，有著雄花和雌花的分別。但是光有花，無法產生種子，**必須仰賴「小蜂」將雄花的花粉傳遞給雌花。**

無花果可以成為相當安全的巢穴，因此對小蜂來說還不錯。小蜂在為無花果授粉的同時，會在花序裡產下超過100顆卵。不過，**這場交易有一個附帶條件**，就是孩子之中只有雌性才能活著離開。

在香甜美味的無花果裡，其實包覆著小蜂母親和大量雄性孩子的屍體。

*花序：指花朵排列於花軸上的次序。

植物資料

學名	*Ficus sycomorus*（埃及無花果，桑科）
分布	非洲至阿拉伯半島
大小	果實直徑約2～3公分
附註	一棵無花果樹可以結出數千顆，甚至是上萬顆果實。

超市裡賣的無花果是裡頭沒有昆蟲屍體的品種，請安心食用。

這個想法會不會太簡單了？滾滾太郎沒問題吧？

第2章

看起來就好古怪

師父1 細葉榕

歪七扭八～

哇～

急煞～

這植物長得好古怪！

救……救……我……

嘿嘿！這棵樹快被我勒死了！

勒緊

勒緊

什麼？你的身體裡頭有另一棵樹？

讓我來說明吧！細葉榕會先在別的樹上發芽，接著才往下扎根。

不僅外觀古怪，這種生存方式也好可怕！我得小心別被纏上了！

細葉榕的種子會隨著鳥糞落在其他樹上，發芽後慢慢往下生長，順利在地面扎根後，成長速度會大幅加快，最後幾乎將另一棵樹完全覆蓋。看起來像不像頭髮長到蓋住臉的搖滾音樂家？

學名	*Ficus microcarpa*（桑科）
分布	熱帶至亞熱帶地區
大小	高約20公尺
附註	被寄生的樹木枯萎後，看起來會像一張中空的網子。

師父2 苔藻堆

好多一堆一堆的苔藻！

咕嚕嚕

一大堆～

小朋友，你覺得我看起來像幾歲？

出現了，讓人為難的問題！

它已經2000歲了唷！

真的假的？長成這樣要花2000年的時間？未免太久了吧！

讓我來說明吧！南極湖底的苔藻堆要累積到80公分左右，得花上2000年的歲月！真是太長壽了，對吧？

花那麼多時間，長成這副古怪的模樣，真是太神祕了！

包含南極的湖底，全世界只有三個地方有像這樣的苔藻堆。這些苔藻堆是由苔類、數十種的藻類和細菌所組成，要成長到80公分，得花1000～2000年。換句話說，它的年紀和耶穌差不多呢！

學名	*Leptobryum* spp.（薄囊苔，真苔科）
分布	南極、南美洲
大小	高約60～80公分
附註	苔藻堆的周圍棲息著一些在極度惡劣的環境裡也能生存的「水熊蟲」。

師父3 多形炭角菌

聽說多形炭角菌師父就在這附近。

這裡有點可怕，好像會有妖怪。

沙沙！

哇！

從地底下伸出了殭屍的手指！

冒出～

我們不是殭屍，是多形炭角菌！

唰！

底下埋了一根枯樹枝。

噢！嚇死我了。

讓我來說明吧！多形炭角菌是一種長在枯木上的蕈菇類，形狀很像殭屍的手指！

利用看不見的部分引發恐怖的想像，真是太高明了！

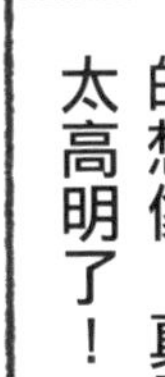

因為外觀的關係，多形炭角菌又叫「死人的手指」。它會附著在虛弱的樹木上，從腐爛的部位吸收養分，讓自己成長。仔細想是不是和殭屍有點像？這麼說來，它相當表裡一致，這也是魅力所在吧！

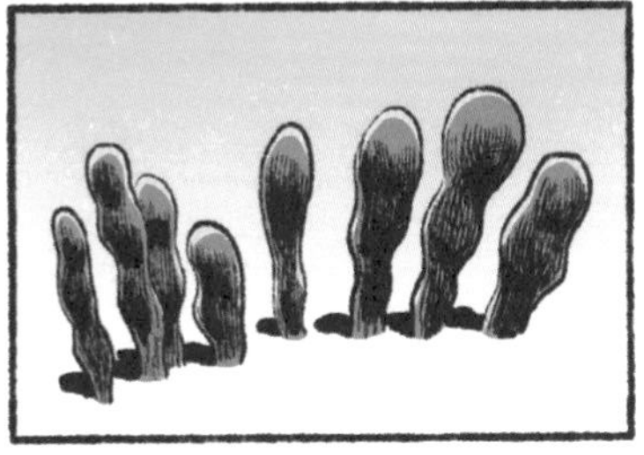

學名	*Xylaria polymorpha*（炭角菌科）
分布	世界各地
大小	高約3～10公分
附註	外表又黑又硬，但如果切開來，會發現內部其實是白色的，而且還有空洞。

摩洛哥堅果上
有一大堆山羊
嚼嚼
嚼嚼
嚼嚼

位於摩洛哥境內的撒哈拉沙漠平常幾乎不下雨，夏天的溫度高達50℃。**摩洛哥堅果靠著對高溫的忍受能力，在這種惡劣的環境中生存下來。**

但是它完全沒有想到竟然會有**一大群山羊爬到它身上**，對山羊群來說，樹上的果實是能補給水分的重要食物。雖然樹枝彎曲，上頭還有尖刺，但完全阻擋不了飢渴的山羊。這些**山羊不僅爬到樹上大嚼果實，還會把種子吐在地上。**

因此對摩洛哥堅果來說，被吃掉也不全是壞事。**山羊的糞便落在樹下，也會成為寶貴的肥料**，讓摩洛哥堅果更加成長茁壯。

植物資料

學名	*Argania spinosa*（山欖科）
分布	摩洛哥南部
大小	高約8～10公尺
附註	近年來數量越來越少，有滅絕危機。

熱鬧度

從種子中榨出的摩洛哥堅果油，可是油中的極品。

水煮好吃度

阿切氏籠頭菌
長得很像章魚

走在山上，如果有人突然大喊「**地上長了一隻章魚**」，這種人不是需要精神治療，就是看見了阿切氏籠頭菌。

阿切氏籠頭菌是「鬼筆科」的植物之一，這一類植物的形狀都像毛筆一樣，唯獨阿切氏籠頭菌不知道為什麼，看起來像是**水煮過的章魚腳。這些像章魚腳的部位從像雞蛋的部位裡長出來，會散發出腐臭的氣味，經過數小時之後就會斷落**。

或許有些人會心想「長出這種東西有什麼意義」，但至少就腐爛氣味這點是有用意的。**它散發出這種有如動物屍體的氣味，可以吸引蒼蠅靠近**，有助於散播孢子*。

*相當於蕈菇類的種子。

學名	*Clathrus archeri*（鬼筆科）	**大小**	足狀部位長約10公分
分布	世界各地	**附註**	藉由讓蒼蠅的身體沾上孢子，將孢子送至遠方。

植物資料

雖然模樣很怪，但其實可以吃，聽說生吃的味道像紅皮蘿蔔。

蒲包花獨葉草看起來像外星人？

描寫外星人和孩子之間友誼的電影《E.T.外星人》於1982年上映，在世界各地都相當賣座。

蒲包花獨葉草的花朵形狀，正和這部電影中的外星人極為相似。這種植物發現於1880年代前期，發現者正是提出「演化論」的著名生物學家查爾斯・達爾文。

看起來像白色馬桶的部分，可以吸引鳥類前來啄食。在啄食的過程中，鳥類的頭部就會沾上花粉。當鳥類將這些花粉帶往其他的花朵時，就能完成授粉。這植物雖然看起來有點傻裡傻氣，但其實非常聰明呢！

植物資料

學名	*Calceolaria uniflora*（蒲包花科）	大小	高約10公分
分布	南美洲南部地區	附註	棲息地相當寒冷，昆蟲數量少，所以只能仰賴鳥類授粉。

蒲包花獨葉草有個綽號叫「達爾文的拖鞋」。

巨峰葡萄的種子剖面就像「山」字

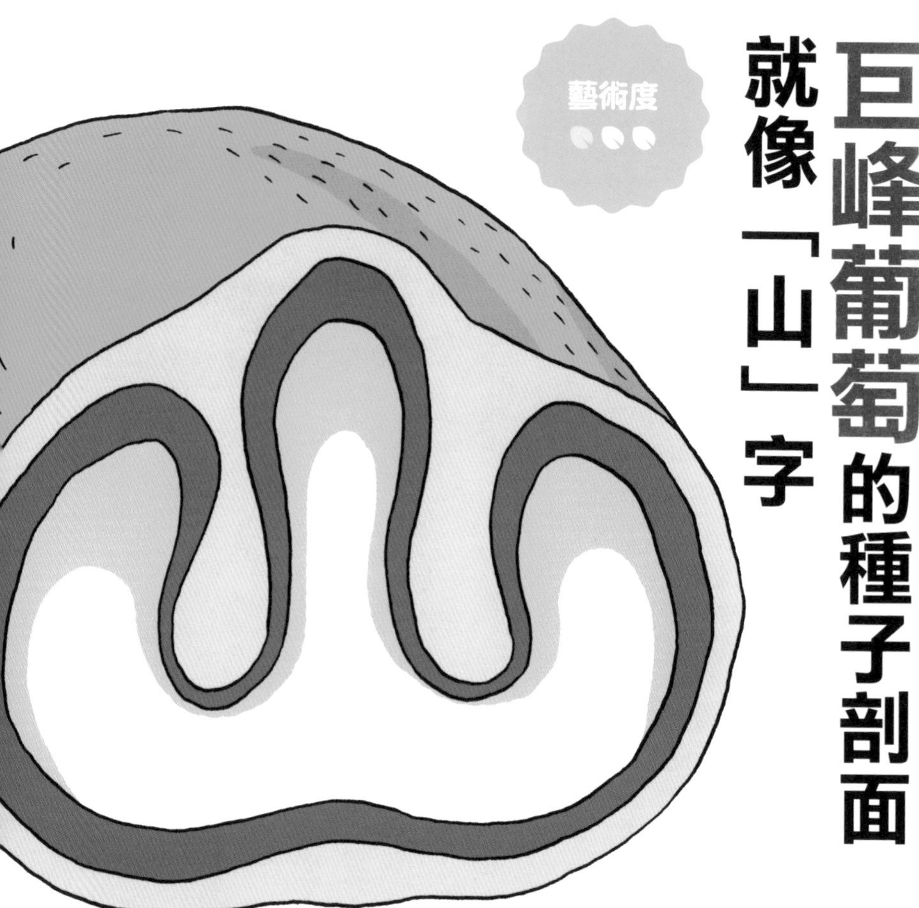

在形形色色的葡萄之中，巨峰葡萄的果實特別碩大，因此有「**葡萄之王**」的美稱。巨峰的意思是「巨大的山峰」，知道為什麼會取這個名字嗎？

其實巨峰葡萄並不是原本就存在於大自然的品種，這種葡萄誕生於1942年，由名叫大井上康的日本科學家，**自日本大正時代（1912到1926年）起，足足花了20年以上的時間才成功培育出來**。聽說在研發成功的時候，**從研究機構的窗戶剛好可以看見壯觀的富士山，所以才將這種葡萄取名為「巨峰」**。

而且，把種子切開，剖面竟然出現「山」字，簡直像在

一顆種子一座山 切來切去都是山

葡萄

葡

植物資料

學名	*Vitis vinifera*（葡萄科）
分布	在日本各地和臺灣都有栽種。
大小	果實直徑約3公分
附註	據說是以美洲的葡萄和歐洲的葡萄雜交而成的品種。

呼應研發人員的熱情。其實形成「山」字狀的白色部分是「胚乳」，裡頭儲存發芽所需要的養分。

研發「巨峰葡萄」的時期正好是第二次世界大戰期間，因此過程遭遇許多困難。**種子裡的「山」字寫得意境深遠、韻味十足**，彷彿訴說著那一段苦盡甘來的歷史。

巨峰葡萄的正式品種名稱為「石原Centennial」。

曼陀羅的根部看起來像人類的嬰兒

曼陀羅這種植物會在每年春天開出淡紫色花朵，並在初夏結出有如青蘋果一般的可愛果實。

但可別被它那泥土上的可愛外觀騙了，將它連根拔起，相信任何人都會嚇一跳吧！因為**曼陀羅根部的形狀看起來像一個剛出生的人類嬰兒**，而且四肢還呈現扭曲狀態，實在相當詭異。

因為這個特性，自古以來曼陀羅就被視為魔鬼般的植物。民間甚至謠傳**如果把曼陀羅拔起來，它會發出可怕的慘叫聲，聽見的人都會沒命**。

不過曼陀羅這種植物確實有毒，吃了會產生幻覺，嚴重時可能會送命，所以謠言也算是有一點接近事實吧！

植物資料

學名	*Mandrake* spp.（茄科）	大小	根的長度最長約45公分
分布	地中海一帶至中國西部	附註	J·K·羅琳所著的《哈利波特》裡也有提到這種植物。

據說為了不要聽見慘叫聲，從前的人會派狗去挖掘。

凹凸不平度

羅氏鹽膚木上的瘤是蚜蟲的家

如果問羅氏鹽膚木「你的天敵是什麼」，羅氏鹽膚木一定會回答「是蚜蟲」吧！

每年到了春天，羅氏鹽膚木就會吸引大量的蚜蟲吸食枝葉上的汁液。不知道為什麼，**被蚜蟲吸食過的地方會逐漸膨脹，形成一顆大瘤（蟲癭）**。這個瘤就像是蚜蟲的避風港（而且還提供美味的汁液），因此往往會吸引數千隻蚜蟲聚集在裡頭。

羅氏鹽膚木當然會試圖抵抗，抵抗的方法是**分泌出大量名為「鞣酸」的物質，讓身體組織變硬**，但是蚜蟲還是能以吸管般的口部吸食汁液，因此羅氏鹽膚木這麼做的效果並不大，讓我們為它默哀。

植物資料

學名	*Rhus chinensis* （漆樹科）	大小	瘤的長度約8公分
分布	日本、朝鮮半島、喜馬拉雅山脈、臺灣	附註	瘤裡的蚜蟲體長約2～3毫米。

瘤裡的鞣酸，在以前的日本不僅是藥材，還可以用來塗黑牙齒。

熱唇草看起來就像是性感的紅唇

美艷動人度

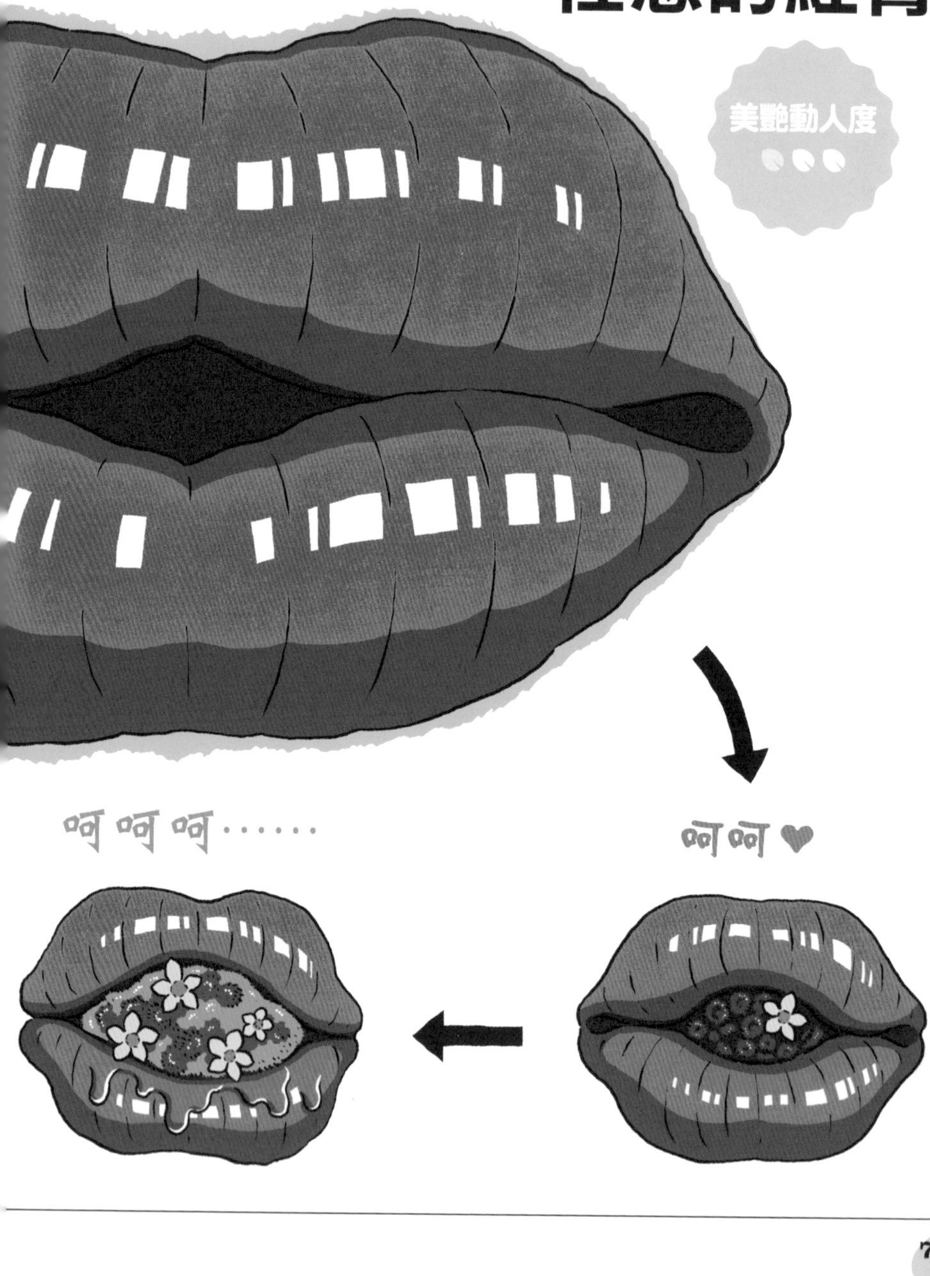

呵呵呵……

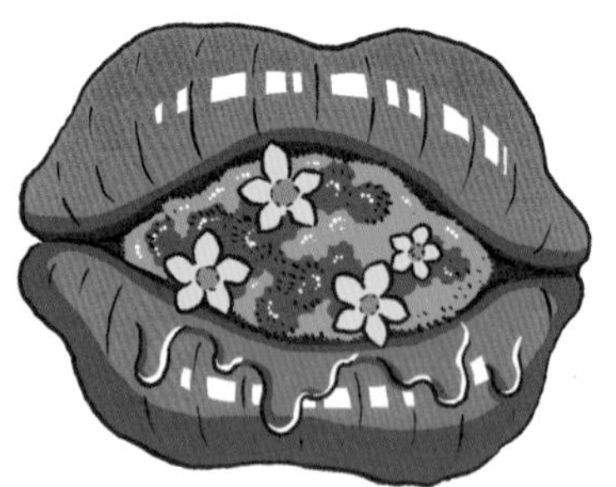

呵呵♥

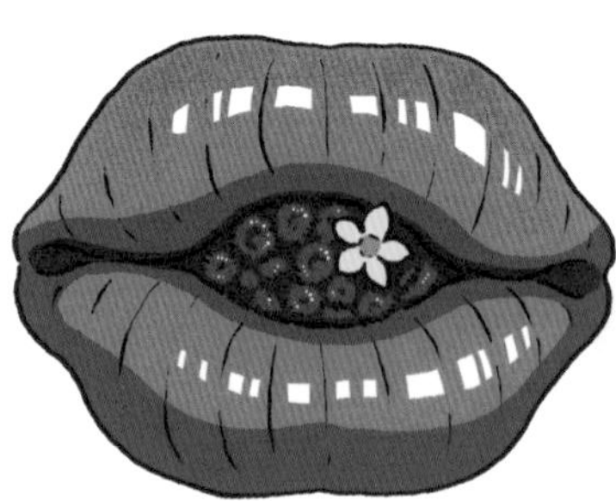

日本的小說家夏目漱石曾經把英文的「I love you」翻譯為「月亮好美」。按照這個概念，丈夫如果不敢告訴妻子「你的妝化得太濃」，或許可以改說「**你的嘴脣就像熱唇草一樣**」。

熱唇草是一種生長在南美洲亞馬遜地區的植物，**看起來就像是塗上了鮮紅色口紅的嘴脣**。嘴脣狀的部位其實並不是花，而是保護花蕾的花苞。

從花苞的縫隙處會冒出小巧可愛的花朵，接著結出許多深藍色的果實。到了這個階段，看起來就不像嘴脣，而像**剛出生的異形**。對了，熱唇草的花朵可以製成頭痛藥。

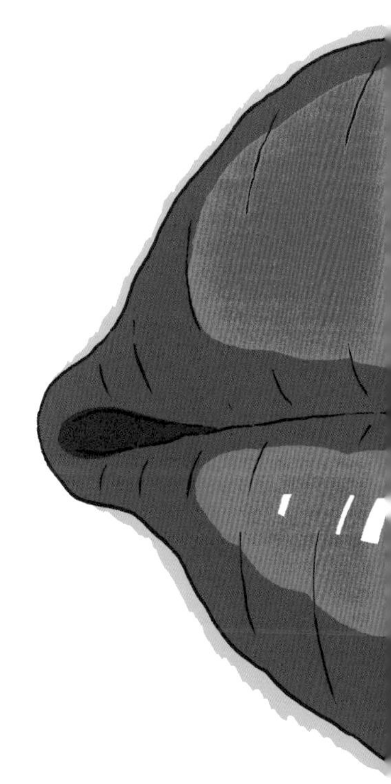

植物資料

學名	*Psychotria poeppigiana*（茜草科）
分布	中南美的熱帶地區
大小	花苞的寬度約3公分
附註	熱唇草的英文稱作Sore mouth bush，其中「Sore mouth」是「嘴巴發炎」的意思。

在當地還有「婚禮之吻」的別稱。

倒地鈴的種子上有愛心

可愛度

倒地鈴是一種蔓藤植物，主要生長在熱帶地區。人類很喜歡栽種，因為不管是纏繞在鐵絲網上，還是從窗戶上像窗簾一樣垂掛下來，都相當好看。

倒地鈴的果實看起來像氣球，裡頭有種子，**每顆種子上都有清晰的愛心圖案**。不過那其實是**吸收養分部位的痕跡**，有點像是種子的肚臍，可不是為了讓人拍照上傳到IG上才裝可愛。

吸收了來自母親的養分，裡頭有著滿滿的母愛，所以出現了愛心的形狀……想要作出這種溫馨的解釋，當然沒問題，不過**拿油性簽字筆畫上眼睛和鼻子，馬上就變成了猴子的臉**。

植物資料

學名	*Cardiospermum halicacabum*（無患子科）	大小	種子的直徑約5毫米
分布	世界各地的熱帶至亞熱帶地區	附註	臺灣倒地鈴約每年7～11月開出淡綠色的花朵。

學名中的「*Cardiospermum*」是「愛心的種子」之意。

好痛度

沾滿鮮血的血齒菌
看起來好痛

血齒菌是一種生長在北美洲和歐洲各地森林裡的蕈菇類，外觀看起來像是沾滿了鮮血。**如果是人類變成這副德性，恐怕要付5億元給「怪醫黑傑克」才能治得好吧！**

因為外觀的關係，常有人戲稱它為「**流血的香菇**」，不過請別擔心，那並不是血。雖然紅色汁液的成分如今依舊不明，但據說有抑制黴菌滋生的效果。

值得一提的是，血齒菌只有在剛長出來的時候才會流出紅色汁液，等到長大之後，紅色汁液會滲入白色的菌傘裡，**變成平凡無奇的茶褐色菇類。**

植物資料

學名	*Hydnellum peckii*（煙白齒菌科）	**大小**	菌傘的直徑約3～8公分
分布	北美洲至歐洲	**附註**	在溼度高的日子特別容易流出紅色汁液。

除了和血有關的別名，也有人稱它為「草莓加奶油」。

師父4·5 大葉南洋杉&亞馬遜王蓮

讓我來說明吧！大葉南洋杉的毬果大到人類被砸到可能會有生命危險！亞馬遜王蓮則是大到能讓人類把它當船坐在上頭！

大葉南洋杉的毬果和鳳梨差不多大；亞馬遜王蓮是水生植物，擁有全世界最大的葉片，直徑可達2～3公尺。

學名	*Araucaria bidwillii*（南洋杉科）
分布	澳洲
大小	毬果的長度約20～30公分
附註	毬果的重量可達10公斤。

學名	*Victoria amazonica*（睡蓮科）
分布	南美洲亞馬遜河流域
大小	葉子的直徑最大可達3公尺
附註	花也相當大，直徑可達40公分，能散發出吸引昆蟲的香氣。

義大利紅門蘭的花朵像沒穿衣服的人

義大利紅門蘭的花朵看起來**像是一群沒穿衣服的男人**，這種奇妙的植物生長在地中海一帶的溫暖草原上。成株約50公分高，會長出許多約2公分的小花，像風信子般盛開。

這是一種群生植物，由許多植株**聚集在一個狹小的範圍裡**，一小群一小群的全裸男人聚集成一大片，**簡直像是在舉辦什麼神祕的儀式**。

對了，義大利紅門蘭的學名中的「*Orchis*」是希臘語中「**睪丸**」的意思，因為這種植物**有兩顆圓形的球根**，看起來就像男人的睪丸。但說真的，取名字之前難道就不能稍微認真想一下嗎？

植物資料

學名	*Orchis italica*（蘭科）
分布	地中海一帶
大小	高度約50公分
附註	生長在地中海一帶日照充足的草原上。

在日本被形容成「蘭花中的妖精」，換個講法就感覺完全不同呢！

海椰子的種子像屁股一樣有凹縫

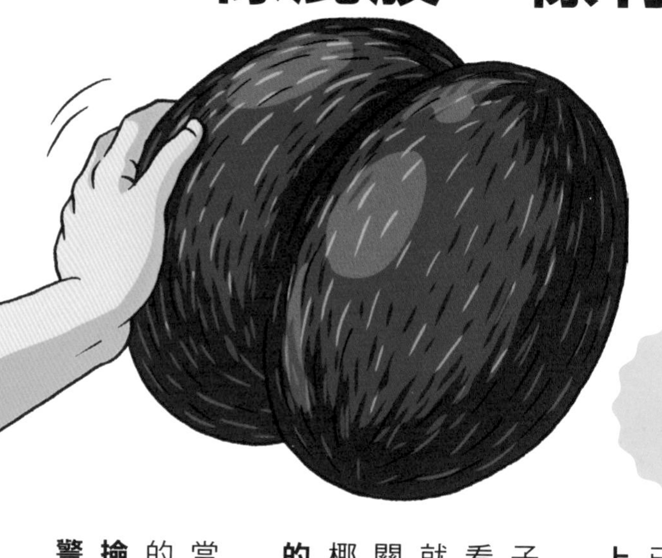

美臀度

海椰子的種子真的很大，要花8～10年的時間才會成熟，長度約45公分，重量可達18公斤，已獲金氏世界紀錄認定為「**世界上最大的種子**」。

還有一個特點，就是這個種子的形狀相當奇特，不管怎麼看，**都和人類的屁股一模一樣**，就連大小也差不多。因為形狀的關係，從前有人在海灘上撿到海椰子的種子，**竟以「能讓人興奮的藥物」名義賣往國外**。

順帶一提，海椰子是一種相當珍貴的植物，只有在印度洋上的普拉蘭島才能生長，**如果擅自撿拾種子占為己有，可是會遭到警察逮捕**，千萬不能亂來。

植物資料

學名	*Lodoicea maldivica*（棕櫚科）	大小	種子的長度約45公分
分布	塞席爾群島中的普拉蘭島	附註	普拉蘭島上約有2000棵海椰子。

海椰子樹的壽命據說長達500～1000年。

偷襲度

砲彈樹的果實又圓又重又臭

這種樹真不愧叫作「砲彈樹」，果實又硬又重，直徑可達20～30公分，就像一顆大砲彈，而且**成熟後掉在地上還會爆炸**。

果實的內部有著柔軟的果肉和種子，**顏色是像牛仔褲一樣的藍色，但是非常臭**。

還有更具特色的一點，是這種植物的花和果實並非長在樹枝上，而是直接長在樹幹上。或許是因為南美洲的叢林裡有著各種高聳的植物，所以砲彈樹才將花開在樹幹上，吸引昆蟲和鳥類過來，避免被競爭對手搶走。不過人類最好不要隨便靠近砲彈樹，**要是果實突然掉在頭頂上，那可就吃不了兜著走了**。

植物資料

學名	*Couroupita guianensis*（玉蕊科）	大小	果實的直徑約20～30公分
分布	南美洲北部的熱帶地區	附註	果實掉落在地上會爆裂開來，並發出巨大聲響。

當地人把果實的外殼當成容器使用，裡頭的果肉還可以製成感冒藥。

龍血樹的傷口會流血

熱血少年聽見「**龍血樹**」這個名稱，應該會興奮得不得了吧！但是這種植物的外觀，**簡直就像香菇一樣**。

龍血樹生長在平日幾乎不下雨的索科特拉島，為了從富含海水的霧氣裡盡可能吸收水分，這種樹才會長成像張開了的雨傘形狀。

「名稱很響亮，外形卻很土」你是不是這樣想呢？先不用太失望，**如果用刀子在它的樹幹上劃一刀，傷口可是會流出如鮮血般的汁液**。而且只要在適當的環境裡，它的壽命可長達8000年以上，算是世界最長壽的樹種之一。

這樣長壽的龍血樹，流下

來的血一定被當成了不老不死的仙藥，自古以來便被當地村民視為珍寶吧！如果你這樣想，那就大錯特錯了。**當地人只是把龍血樹的汁液拿來製成牙膏，並沒有那麼珍惜**。聽說近年來因為全球暖化的影響，海風的風向改變了，霧氣也跟著減少，龍血樹正面臨滅絕的危機。

植物資料

學名	*Dracaena cinnabari*（索島龍血樹，龍舌蘭科）
分布	索科特拉島
大小	高約20公尺
附註	要長出如香菇傘蓋的樣子，得花500年的時間。

索科特拉島已在2008年獲認定為世界自然遺產。

鹿花菌

看起來很像大腦

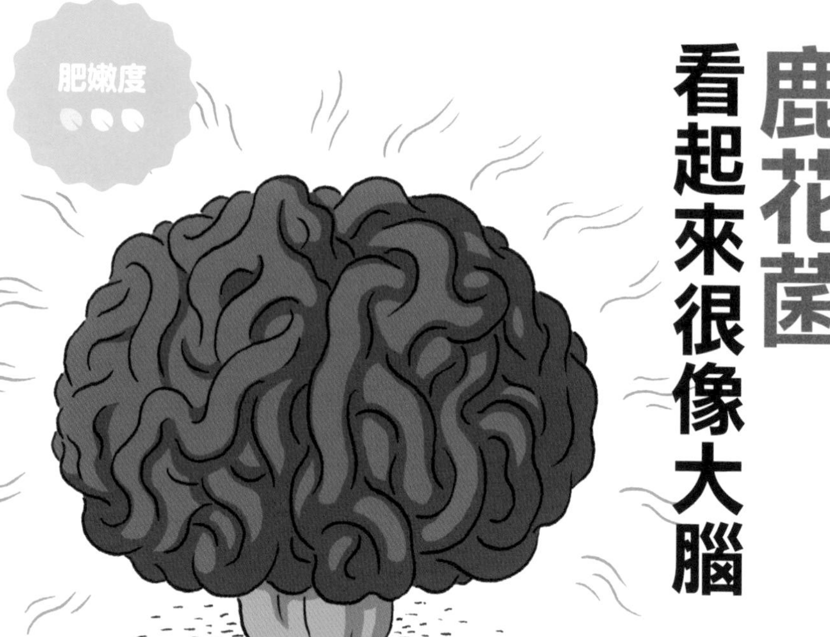

走在山上，如果有人突然大喊「**地上長了一顆大腦**」，這種人不是玩太多殭屍遊戲，就是看見了鹿花菌。

鹿花菌是一種生長在杉樹或扁柏森林裡的蕈菇，**外觀看起來有很多扭曲的線條，和大腦的皺摺一模一樣，卻是一種帶有劇毒的植物**。

不小心誤食會出現嘔吐、腹瀉、痙攣等症狀，嚴重時可能還會導致內臟出血而死。

把這種蕈菇放到水裡煮，光是聞到蒸氣就會感覺身體不舒服，所以應該不會有人想要把它放進嘴裡吃吧！

植物資料

學名	*Gyromitra esculenta*（平盤菌科）	大小	直徑3～10公分
分布	北半球的溫帶至寒帶地區	附註	每年到了春天，就會出現在森林裡的地面上。

國外有些地區的人會以特殊的方法消除其毒性再食用。

日本臍菇在夜裡會發光

夢幻度 ●●●

日本臍菇有個綽號叫「夜光小菇」，可想而知這是一種能在晚上發光的蕈菇。它含有一種特殊的發光物質，藉由在夜晚發光來吸引昆蟲靠近，讓昆蟲幫忙把孢子送往遠方。

在黑夜中散發出宛如月光般的淡淡光芒，看起來真的很美，但可別被它的外表給騙了。

事實上，**日本臍菇是全日本最常被誤食的毒菇**，如果不小心誤食，除了會引發腹痛之外，眼前的景色還會變得一片蒼白。

日本臍菇經常遭人誤食的理由很簡單，因為**當它沒發光時，看起來就和一般的香菇沒有兩樣**，難怪會有人想吃。

植物資料

學名	*Omphalotus japonicus*（口蘑科）	大小	菌傘的長度約10～20公分
分布	日本	附註	經常生長在枯萎的山毛櫸樹幹上。

有些太老的日本臍菇不會發光。

香蕉是一種草

香蕉不僅好吃，而且吃起來很方便，是相當受歡迎的水果。但是關於香蕉的生態，恐怕大多數人都不了解。

首先，香蕉雖然看起來像是長在樹上，但**香蕉竟然是一種草**，看起來像樹幹的部分其實是葉子，稱作「偽莖」，是由好幾片大葉子疊在一起形成的。**簡單來說，就像是長條狀的洋蔥**。香蕉真正的莖是埋在地底下。

其次，**如果剝掉香蕉的皮，以指尖從正中央刺下去，可以將香蕉分成3片**，這是種子所殘留的特徵。原本香蕉也有種子，但是大約在1萬2000年前發生突變，才出很閒的人可以試一試！

1 剝掉香蕉的皮。

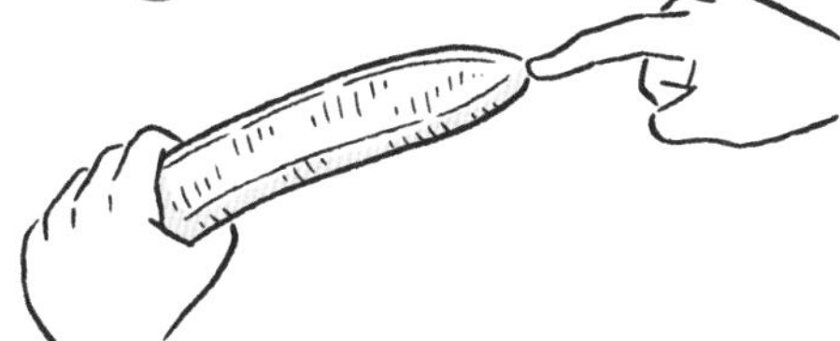

2 以指尖從正中央刺下去。

3 香蕉竟然分成3片了。

橫切面

現沒有種子的香蕉。

香蕉在突變之後，只剩下用來存放種子的3個隔間，這也就是香蕉為什麼能輕易分成3片的原因。

雖然沒有種子，但是不用擔心繁殖問題，**香蕉可以採用「分株繁殖法」，也就是將植株的一部分切下來種植，就可以不斷產生同伴。**

植物資料

學名	*Musa sapientum*（芭蕉科）
分布	在世界各地的熱帶地區進行人工栽培（原產於東南亞）
大小	高度約2～10公尺
附註	在日本明治時代（約1968年～）起開始廣為栽種。

如果油性墨水不小心沾到皮膚，只要拿香蕉皮擦拭，就可以擦掉。

山荷葉的花瓣一沾溼就會變透明

清澈度

山荷葉是一種生長在山中溪畔或樹蔭下等陰涼處的植物，每年到了5～7月，就會開出白色的小花。可別小看這花朵，它有個神奇的祕密。

那就是**花瓣一沾溼，就會變透明**。不過並非只要下雨就會變透明，還必須符合特定的條件，例如下了很久的毛毛雨或起霧的時候，花瓣才會變透明。為什麼會有這樣的現象？直到現在科學家依然找不出原因。

或許正是因為這種花的形象清新而且充滿神祕感，所以很受登山客歡迎，有**「冰花」**和**「玻璃花」**的美稱，再加上那晶瑩剔透的透明感，還**曾經被使用在化妝水的廣告裡**。

植物資料

學名	*Diphylleia grayi*（小檗科）	大小	花的直徑約2公分
分布	日本、俄羅斯庫頁島	附註	高度30～60公分，會結出青紫色的果實。

乾了之後，就會變回原本的白色花瓣。

猢猻木在古代曾經被當作牢房使用

猢猻木是一種生長在非洲乾燥草原的樹木。

這種樹的最大特徵，就在於樹幹非常粗，有些直徑甚至超過10公尺，**必須由18個大人手牽著手，才能圍成一圈**。如何，是不是很誇張？

樹幹裡儲存了將近10公噸的水，**就算整整2年沒下雨也不會枯死**。但是當老化之後，因為水分散失的關係，根部附近往往會出現巨大的空洞。

這些空洞**由於入口狹窄，而且壁面相當堅固**，曾被古代的掌權者當成天然的牢房，把犯人關在裡頭。

植物資料

學名	*Adansonia* spp.（木棉科）	**大小**	高度約20公尺
分布	馬達加斯加島、非洲、澳洲	**附註**	安東尼・聖修伯里創作的《小王子》故事裡頭也出現過。

果實有點像絲瓜，晒乾後可以當成水壺使用。

猴面小龍蘭

看起來就像猴子的臉

猴面小龍蘭是一種生長在南美洲海拔1700公尺以上地區的植物，由於生長的環境必須一整年都陰涼而潮溼，所以大多生長在雲霧林中。

猴面小龍蘭也是蘭花的一種，在學術上被分類在「**小龍蘭屬**」中，而學名中的「*Dracula*」則和鼎鼎大名的吸血鬼德古拉（Dracula）同名。

據說是因為當初命名這種蘭花的學者相當興奮，認為這種花「**長得很像吸血蝙蝠**」，所以才取了這樣的屬名。

但是後來有越來越多人說這種花**長得很像猴子**，所以又有了猴面蘭這樣的稱呼，你覺得比較像哪個呢？

植物資料

學名	*Dracula simia*（蘭科）
分布	南美洲的高地
大小	花瓣的寬度約3～4公分
附註	花的香氣聞起來有點像成熟的橘子。

看起來像猴子的眼睛和鼻子部分才是花瓣。

名副其實度

落地生根
是一種葉子也可以生根發芽的植物

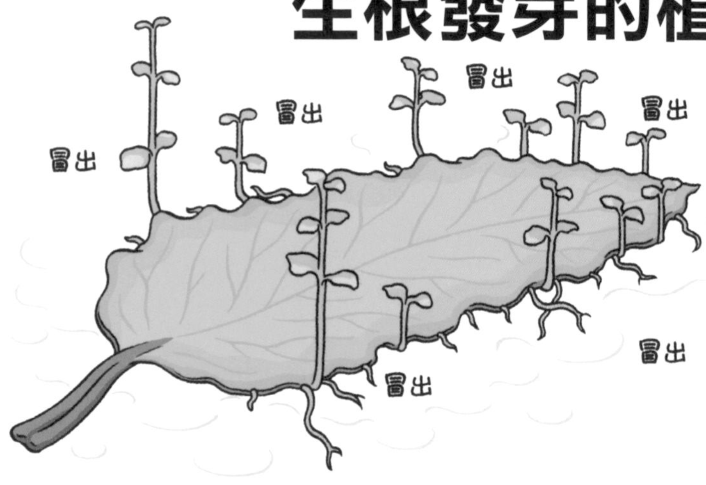

一般的植物要進行繁殖都必須使用種子，但是落地生根這種植物**可以從葉子生根發芽，繁殖出一模一樣的同伴**。

更有趣的是，當**葉子離開莖之後，長出根和芽的速度反而會大幅加快**。那是因為當葉子沒有辦法接收到來自莖的養分時，會感到危險而改變內部成分，進入較容易長出根和芽的狀態。

或許會認為「**既然是這樣，這種植物根本不需要種子**」，但事實上落地生根還是會開花，而且同樣會製造種子。那是因為從葉子長出來的同伴，以人類來比喻，就像是自己的複製人一樣，因此如果不和其他個體交配後產生後代，它就沒有辦法演化。

植物資料

學名	*Kalanchoe pinnata*（景天科）	**大小**	葉片的長度約5～10公分
分布	世界各地的熱帶地區	**附註**	是一種常綠的多年生草本植物，高度約30～80公分。

只要在盛了一些水的盤子裡放入一片葉子，它就會生根發芽。

金魚草會變成骷髏頭

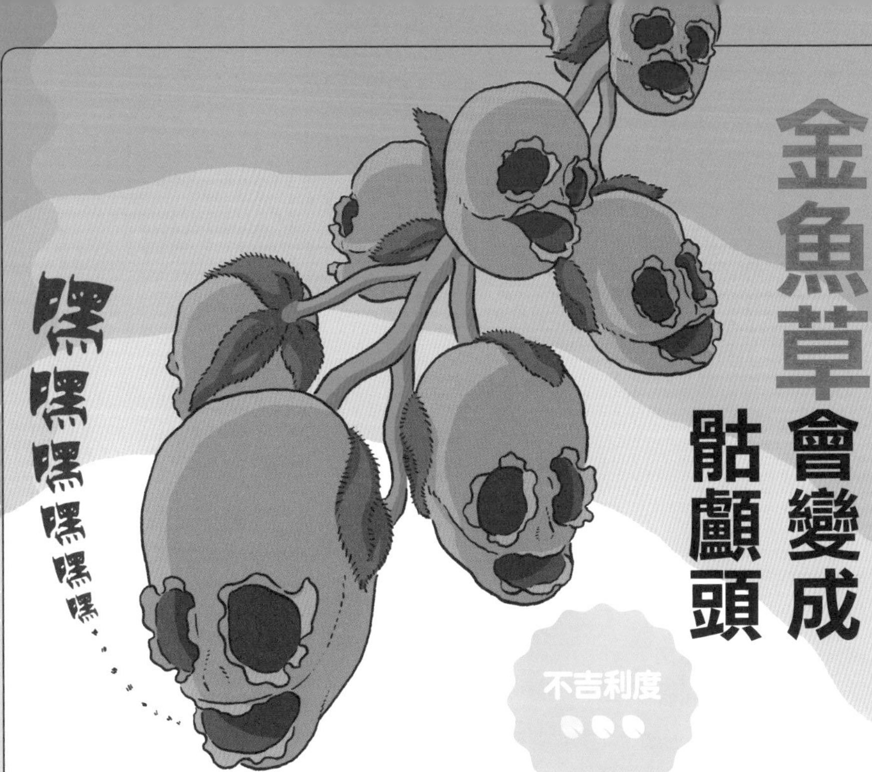

金魚草是一種花朵長得很像凸眼金魚的植物。

問題是當花朵枯萎後，長出包著種子的「莢」，**看起來就和骷髏頭沒有兩樣**，令人有點不寒而慄。

有一些古代文明認為金魚草擁有神祕的力量，只要在庭院裡種植一些金魚草，就可以消災解厄。而且**當古代的女性想要向人表達感謝之意時，也會贈送金魚草的花朵**。

但那都是從前的事了，在如今這個時代，收到金魚草的人如果不知道從前那些典故，看到植株上的一串骷髏頭一定會認為「**自己遭到了詛咒**」吧！

植物資料

學名	*Antirrhinum majus*（玄參科）	大小	花的長度約3～4公分
分布	歐洲南部、北美洲	附註	花朵有白、黃、橙、粉紅、紅等各種不同的顏色。

古代還有傳說認為吃了金魚草可以青春永駐。

滾滾太郎的心中充滿了熱情，但是這樣的努力方向真的正確嗎？

第3章 瘋狂到好古怪

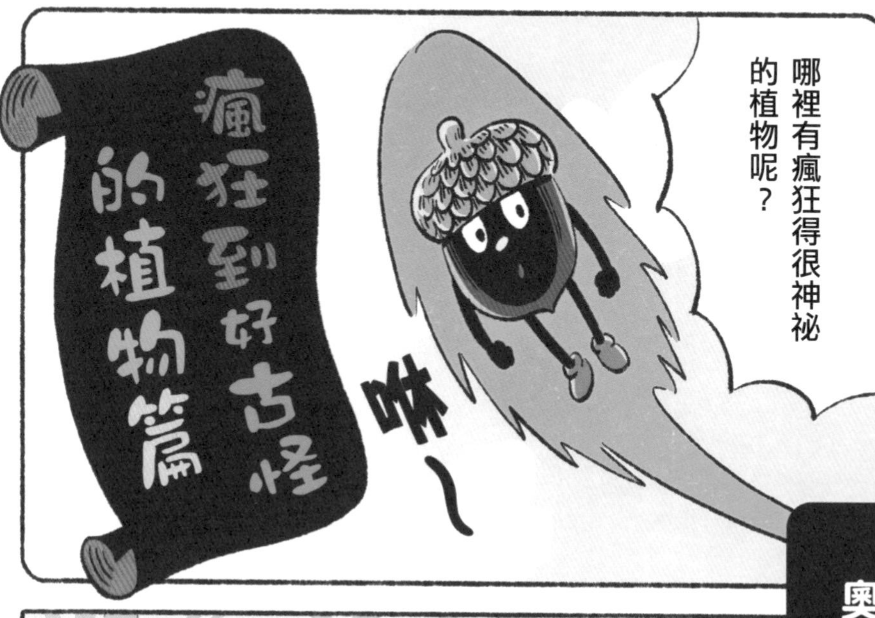

師父1
奧氏蜜環菌

啊！我感覺到很強大的氣場！

嗨！你在找什麼？

咚！

請問這附近有沒有很大的植物？
哈哈哈！全世界最巨大的生物就在你眼前！

咦？鯨魚嗎？在哪裡？
鯨魚
哈哈哈！鯨魚？那太小了啦！
whale

答案就是我本人！我是最巨大的生物！
笑

咦？你是最巨大的生物？我們一樣高吧！哈哈哈！
人不可貌相，你可別小看我！
埋在地底下的網狀結構，才是我的本體。

實際上蕈菇並非在菌絲的正中央，而是在邊緣，數量非常多。

對了，日本東京的臺東區的面積大約10平方公里，只比我大一點點而已！

【東京都臺東區】
人口約20萬，有名的觀光景點包含上野動物園、淺草寺等。

臺東區

太大了吧！

讓我來說明吧！奧氏蜜環菌是世界上最大的生物！

奧氏蜜環菌是一種生長在枯木上的蕈菇，雖然高度只有12公分左右，但是在地底下卻有著一大片蜘蛛網狀的菌絲，全部相連在一起，比白鯨還大得多！

學名	*Armillaria ostoyae*（口蘑科）
分布	世界各地的冷溫帶
大小	最大約880公頃
附註	蕈菇的傘蓋直徑約4～14公分，看起來就只是非常普通的菇類。

苦瓜會爆炸
……不屑
綠色苦瓜
・很硬
・很苦
爆炸苦瓜
・很軟
・很甜

翻臉如翻書！

苦瓜是一種具有獨特苦味的蔬菜，有些人不喜歡，有些人很愛。但你知道嗎？其實苦瓜成熟之後會變甜，**顏色也會從綠色變成黃色，種子甚至會變成紅色，就像紅綠燈一樣**。

尚未成熟的苦瓜很苦，是因為裡頭的種子都還沒長好，不想被鳥類吃掉。**但苦瓜是個非常自我中心的傢伙，當果實長好後，就馬上換一副嘴臉，**轉變成鮮豔的顏色，吸引鳥類過來吃掉甜甜的種子，幫忙把種子帶到遠方播種。

然而有時苦瓜的果實成熟了，鳥類卻沒有發現，這時果實就會自己爆炸，**彷彿在對外宣傳「這裡有好吃的唷！」**

轟

植物資料

學名	*Momordica charantia*（葫蘆科）
分布	原產於亞洲熱帶地區，臺灣、中國和日本都有栽種。
大小	果實長度約10～30公分
附註	莖具有攀緣性，長度約2～5公尺，開黃色的小花。

放縱度

苦瓜雖成熟後會變甜，但是營養價值沒有未成熟時高，且口感也不好。

巨花魔芋要花7年才能開出又大又臭的花朵

巨花魔芋就像是**不肯認真工作的宅男**，其他植物都積極的製造果實和種子，巨花魔芋卻是每年只長一片葉子。**這樣的生活持續7年之後，接下來還會進入半年的休眠時期**。

直到某天，這位宅男突然開始發憤圖強，以一天10公分的速度飛快成長，最高可達到3公尺！接著它會開始長出直徑長達1.5公尺的巨大「花序」，並在裡頭開出花朵。

這朵花會微微散發熱氣，釋放出宛如將剛脫下的臭襪子和腐爛的魚混合在一起的氣味。不過巨花魔芋的發憤圖強不會維持太久，大約兩天之後，它又會恢復原本死氣沉沉的模樣。

植物資料

學名	*Amorphophallus titanum*（天南星科）	大小	花的高度可達3公尺
分布	印尼蘇門答臘島	附註	看起來像花瓣的部分，是葉片轉化而成的「佛焰苞」。

花朵散發臭味是為吸引昆蟲前來覓食，並協助搬運花粉，好繁衍子孫。

變態度

細齒南星會把蒼蠅關起來

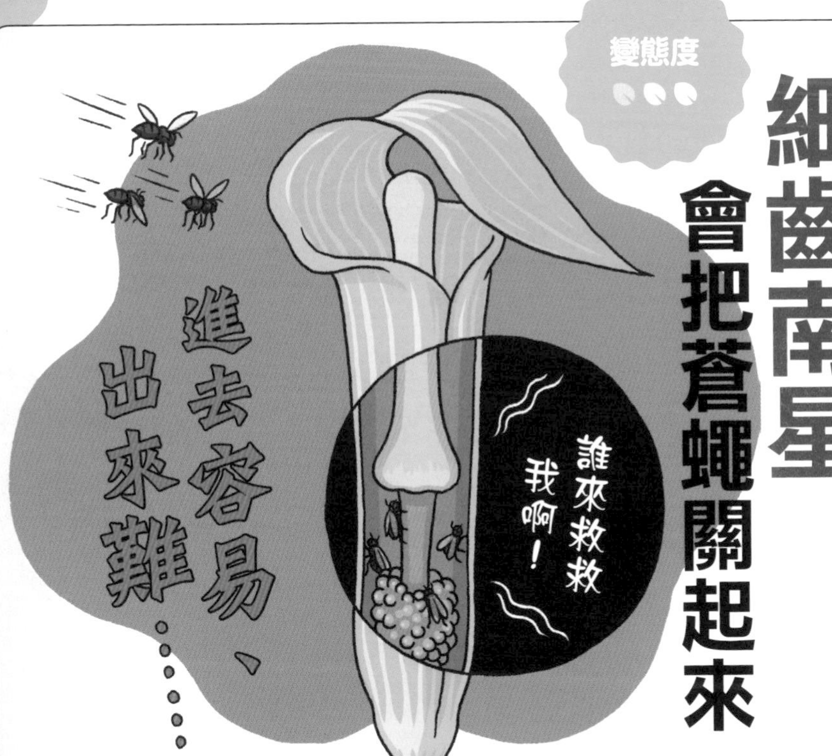

許多植物也和動物一樣，有雌（花）、雄（花）的分別，但是細齒南星這種植物的情況比較複雜，**性別會依植株的成熟度而不同**。較年輕時是雄性，較成熟後變雌性，枯萎後，下個生長季又會變回雄性。

同一棵植物可以當雄性也可以當雌性，確實會增加授粉的機率。至於它授粉的方式也相當古怪，竟然是**把蒼蠅關起來**。

由葉片變形而成，稱為「佛焰苞」的部分，內側形成反折，讓蒼蠅容易進去卻不容易出來。當帶著花粉的蒼蠅進入內部時，會**為了逃走而拚命掙扎，提高成功授粉的機率**。

植物資料

學名	*Arisaema serratum*（天南星科）	大小	高約50～100公分
分布	東亞地區	附註	一到秋天，雌花就會結出許多鮮紅色的果實。

細齒南星是一種有毒的植物，誤食可能會致死。

風滾草的滾動速度和汽車一樣快

這種植物的名稱或許讓你感到很陌生，但你父母那一輩的人應該曾經在電影裡看過，例如**在西部片的槍戰橋段裡，兩個槍手要對決，背後可能會有一些像牧草一樣的大球在滾動，那就是風滾草**。

風滾草是一些生長在北美地區乾旱土地上的植物，因此耐乾燥的能力極強，就算完全不下雨，也可以靠清晨的露水維持生命。

一旦入冬後，風滾草會馬上枯死，並不是它不耐寒，而是在為漫長的旅行做準備。

到了冬天，它的根和莖會枯萎，變得像樹枝一樣又脆又硬。這些根莖會形成一團像鳥

巢一樣的物體，風一吹就會開始往前滾動。**在滾動的同時，它會不斷撒出種子，增加自己的同伴**。

風滾草滾動的速度可以超過時速100公里，而且當數千個往相同方向滾動的時候，**可能會合在一起，變得像汽車一樣大**。就算是對戰中的槍手，看見了也會趕緊躲避吧！

植物資料

英文名	Tumbleweed（柳葉菜科、莧科等）
分布	美國西部乾燥地區
大小	高約5～25公分
附註	這不是單一植物的名稱，而是好幾種枯萎後會滾動的植物的合稱。

當風滾草的數量太多時，甚至可能會埋住汽車。

美洲格尼帕樹的果實汁液塗在皮膚上會變紫色，而且洗不掉

美洲格尼帕樹是一種生長在巴西亞馬遜地區的樹木，長大後會結出許多橘子般大小的淡褐色果實。

這種果實的汁液相當神奇，裡頭含有一種名為「京尼平（Genipin）」的成分，**一接觸皮膚，就會和皮膚的成分結合，轉變為紫色。**

而且一旦變了色，就再也去除不掉了。據說古代的亞馬遜原住民都是以樹枝沾這種汁液，在身上畫出圖紋，就和刺青的意思差不多。

不過請放心，只要經過2～3個星期，等老舊的皮層脫落，就會恢復原本的皮膚顏色。

植物資料

學名	*Genipa americana*（茜草科）	大小	果實長度約10公分
分布	北美洲、南美洲和加勒比海的熱帶雨林	附註	樹木高度約15公尺，花朵的顏色是白色或黃色。

這種果實的汁液還可以製作成飲料。

臨機應變度

西番蓮靠欺騙蝴蝶來保護自己

西番蓮是一種有毒的植物，不擔心遭動物啃食，但有一種叫銀紋紅袖蝶（*Agraulis vanillae*）的蝴蝶，並不怕西番蓮的毒。牠的幼蟲不僅會吃葉子，而且還懂得**把毒素儲存在體內，讓鳥類不敢吃自己**。

西番蓮煩惱許久後想出對策，就是在葉片表面加上一些蝴蝶蟲卵的圖紋。這麼做當然是有很深的道理，**絕對不是因為被吃太多葉子而腦筋不正常了**。

銀紋紅袖蝶有個習性，就是不會把卵產在其他同伴已產卵的地方，這是為了避免將來幼蟲食物不足。西番蓮正是看穿了這個習性，才**假裝已經被其他銀紋紅袖蝶產了卵的樣子**。

植物資料

學名	*Passiflora lutea*（西番蓮科）	大小	花的直徑約1～1.5公分
分布	北美洲南部	附註	「百香果」也是西番蓮科的植物之一。

其實這個方法不太有效，因為蝴蝶的視力不太好，看不見卵的圖紋。

大彗星風蘭的花蜜藏在非常深的地方

花蜜在這附近。→

許多植物都會提供花蜜給昆蟲享用，藉此讓昆蟲幫忙搬運花粉，但大彗星風蘭**為了讓昆蟲的身體確實沾上花粉，故意把花蜜藏在很深的位置**，卻似乎做得太過頭了。從花的入口處到花蜜的位置，最長可達40公分，**根本沒有任何昆蟲可以吸得到它的花蜜**。

原本是這麼認為，但在發現大彗星風蘭的大約40年後，人類發現了一種**口部長達30公分的蛾，名叫「馬島長喙天蛾**（*Xanthopan morgani*）**」**，這才明白原來真的有昆蟲能吸得到大彗星風蘭的花蜜。

但是馬島長喙天蛾也因為口部演化得太長的關係，除了大彗星風蘭之外，已無法吸食其他種類植物的花蜜。

植物資料

學名	*Angraecum sesquipedale*（蘭科）
分布	非洲、馬達加斯加島、斯里蘭卡
大小	花的直徑約15公分
附註	花朵向後方突出的花蜜囤積部位，稱作「花距」。

據說當達爾文看到大彗星風蘭就猜想會有馬島長喙天蛾這樣的昆蟲存在。

密密麻麻度

哈密瓜的網狀紋路其實是傷痕

哈密瓜是高級水果的代名詞，有些特別昂貴的哈密瓜還會被商人放在木盒裡，像寶石一樣細心呵護。但是你知道嗎？其實**每一顆哈密瓜都是傷痕累累**。

原本哈密瓜的表面相當平整光滑，但在長大的過程中，上頭會出現許多裂縫。那是**因為哈密瓜在果皮停止成長之後，裡頭的果肉還是會繼續成長**，表皮受到來自內側的強力擠壓，所以會出現很多裂縫。

為了填補這些裂縫，**哈密瓜的內側會滲出一些汁液，這些汁液凝結之後，就成了表皮上的網狀紋路**。因此我們可以說，每一顆成熟的哈密瓜都是傷痕纍纍的狀態。

植物資料

學名	*Cucumis melo*（葫蘆科）	大小	果實的直徑約10～15公分
分布	世界各地都有栽種（原產於西亞至北非一帶）	附註	哈密瓜也有不帶網狀紋路的品種，稱作「王子蜜瓜」。

如果故意在哈密瓜上頭割出數字或圖案，也會形成那樣的紋路。

雷霆萬鈞度

噴瓜會將種子以驚人的力道噴射出去

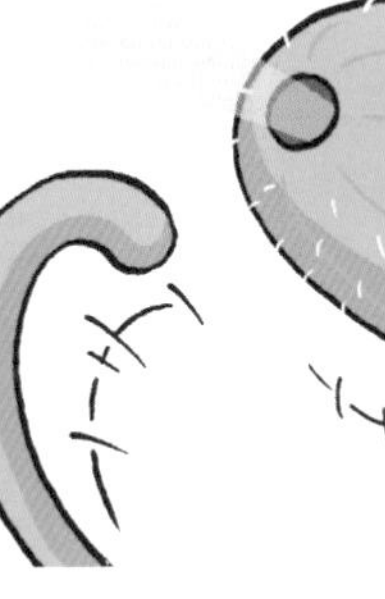

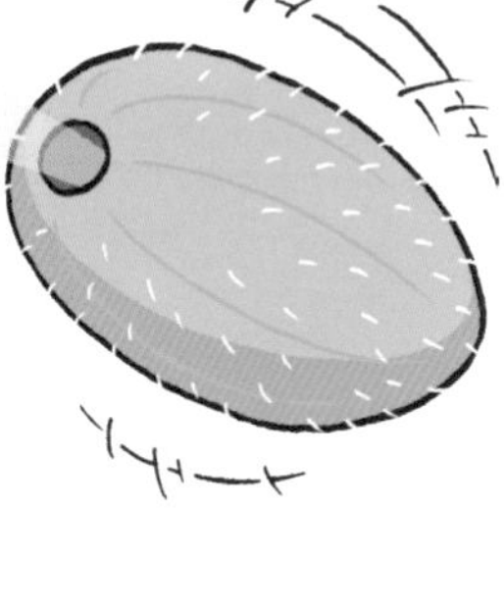

噴瓜是一種藤蔓植物，英文名叫做Exploding Cucumber，也就是「**會爆炸的小黃瓜**」，感覺動感十足。

噴瓜的藤蔓會沿著地面生長，等長到一定程度後，藤蔓的前端會冒出長度約7公分的果實，外觀有一點像奇異果，看起來很好吃，但可千萬別動念頭想要吃它。

因為果實裡頭擠滿了種子和汁液，**隨時可能會噴發出來**，十分危險。

一旦果實因為重量而脫離藤蔓，**種子就會「砰砰砰」的像機關槍一樣，從缺孔向外噴射**，射程最遠可達10公尺。

植物資料

學名	*Ecballium elaterium*（葫蘆科）	大小	果實的長度約7公分
分布	亞洲西南部和地中海地區	附註	是一種全長約50～80公分的藤蔓植物，整株長滿了細毛。

古代的希臘人似乎將噴瓜的果實汁液當成藥材。

高得嚇人度
紅杉的
高度可達30層樓高
要比高，誰能與我爭鋒。
歷經2000年歲月才打造出的氣派奢華。

紅杉是世界上最高的樹種，高度約50~100公尺。目前已知最高的紅杉有115公尺，**比日本大阪的通天閣（103公尺）還高一些**。

從前世界各地都可以看見紅杉的身影，但如今紅杉只生長於北美洲的部分地區，因為一棵紅杉每天要吸取約2000公升的水，無法在太乾燥的地區存活。

為了確保有足夠的水可以維持生命，**它甚至還有一套自行造雨的方法，那就是讓大量的樹枝在霧氣中濡溼，製造出無數的水滴落至地面**。就算是在夏天，樹下的地面也能維持溼潤的狀態。

植物資料

學名	*Sequoia sempervirens*（杉科）
分布	北美洲西海岸
大小	高度約50～100公尺
附註	雖然樹木相當巨大，但是種子的長度只有5毫米左右，形狀為圓形。

最高的紅杉叫「亥伯龍樹」，是神話中巨人之名，原意為「超越者」。

師父2 巨大馬勃

哇！這……這是什麼？

肥大～

睡覺前明明什麼也沒有，怎麼一覺醒來突然多了這麼大的東西。

呵呵……

啵啵～

真是一點也不給人心理準備！

讓我來說明吧！巨大馬勃只要一個晚上就能突然長出來！

明天早上或許會出現在你家門口唷！

巨大馬勃是一種看起來像巨大棉花糖的真菌類植物，觸感就和外觀一樣相當柔軟，而且可以吃。但是過陣子會逐漸變硬，最後在風中邊翻滾邊散成碎片，可說是從出現到消失都讓人大吃一驚的植物。

學名	*Calvatia gigantea*（蘑菇科）
分布	歐洲至北美洲
大小	直徑約45公分
附註	在變成碎片的同時，會撒出約750萬顆孢子。

師父3 塔希娜棕櫚

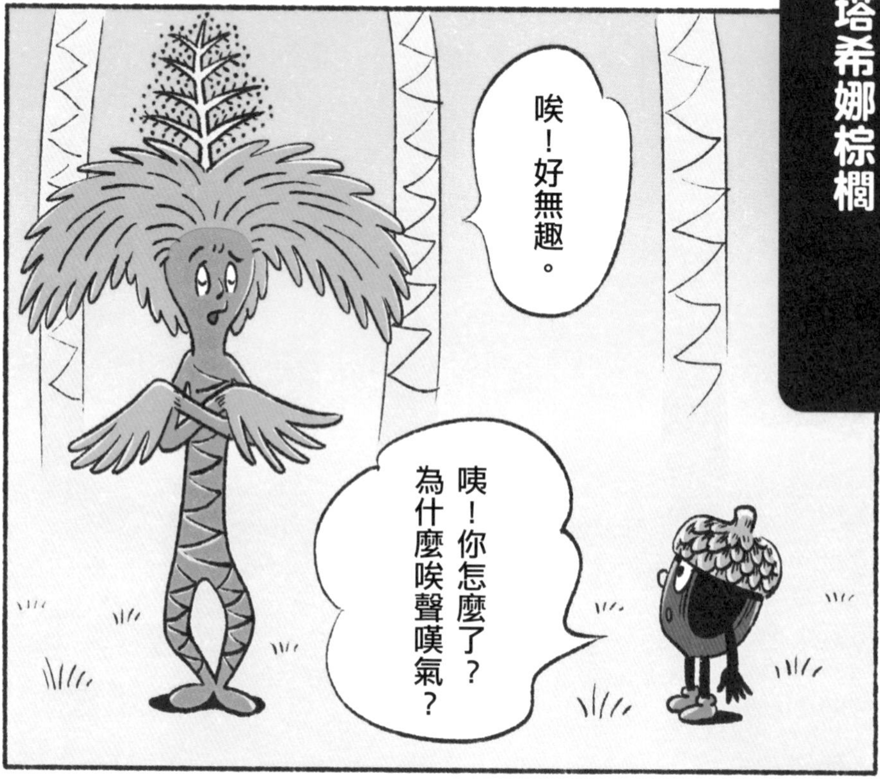

還是一死了之吧！

倒地

哇！

你也太乾脆了吧！

讓我來說明吧！塔希娜棕櫚會在開花、結果之後的某一天突然死去！

塔希娜棕櫚的壽命大約有30～50年，它會在某一天突然耗盡所有營養，開出美麗的花朵，再撒出無數的種子。數個月後，整棵樹會突然傾倒枯萎，像是自殺一樣，真不曉得為什麼要這麼做。

學名	*Tahina spectabilis*（棕櫚科）
分布	馬達加斯加島
大小	高度最高約20公尺
附註	如今野生的塔希娜棕櫚只有30棵左右，有滅絕的危機，科學家正在設法加以保護。

大王花在開花時會發出像放屁的聲音

大王花是一種生長在東南亞叢林裡的植物，長大後會開出**直徑達1公尺，重達10公斤的巨大花朵**。

大王花能把花開得如此巨大，是因為它是寄生植物，寄生植物不需要根莖葉，**生存所需的水分和養分都來自其他植物**，因此能將所有的養分都投入花朵中。

或許你會認為大王花完全仰賴他人過活，日子一定過得輕鬆愜意，但其實**大王花也是有煩惱的**，因為它只能寄生在葡萄科的植物上，如果沒有找到適合寄生的宿主，它就無法存活。

在傳遞花粉方面，大王花

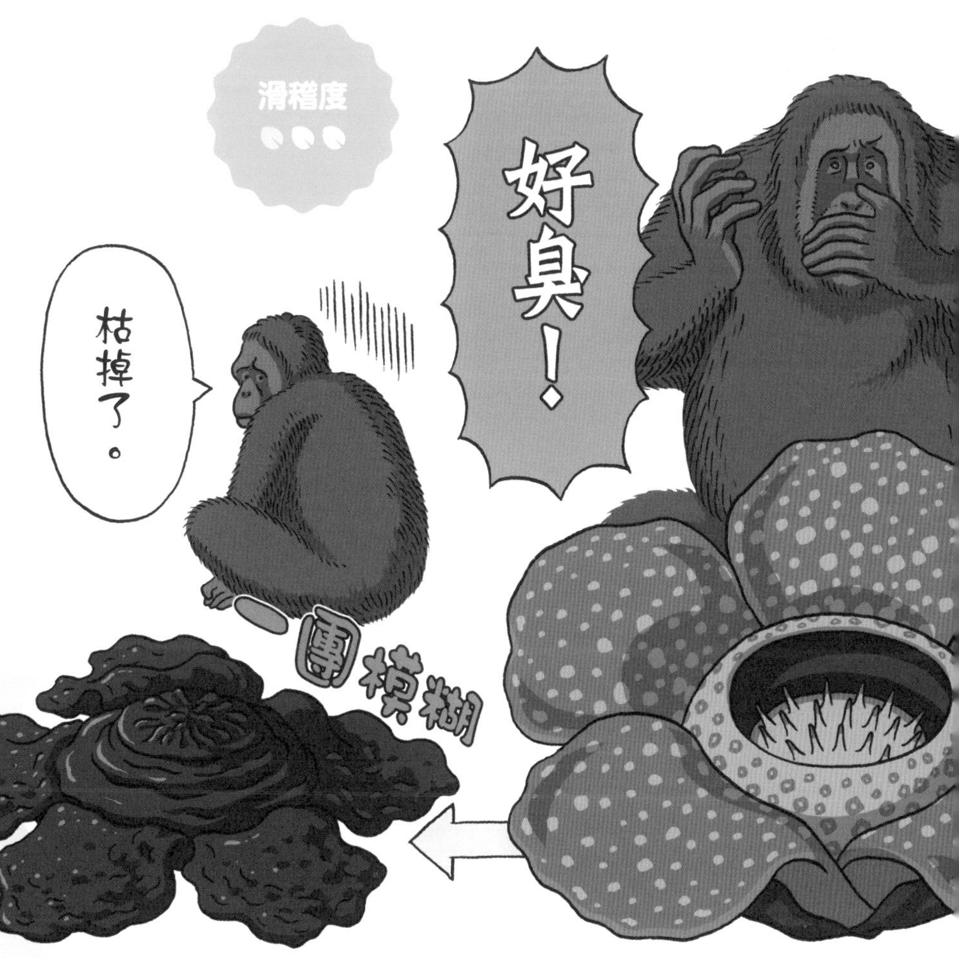

同樣完全仰賴他人，它會散發出一種類似腳臭味的味道，吸引蒼蠅靠近，而且**據說大王花在開花的時候，還會發出類似放屁的聲音**。

味道和聲音都給人髒髒的感覺，幸好它只是一棵植物。**假如人類像這樣放屁，那可真是太糟糕了**。

植物資料

學名	*Rafflesia* spp.（大花草科）
分布	東南亞的熱帶地區
大小	花的直徑可達1公尺
附註	因為外觀太可怕，當初剛發現時被認為是「食人花」。

看起來就像是一朵花開在地面上，大約一星期之後，花朵就會腐爛。

赤潮藻可以把整片大海染紅

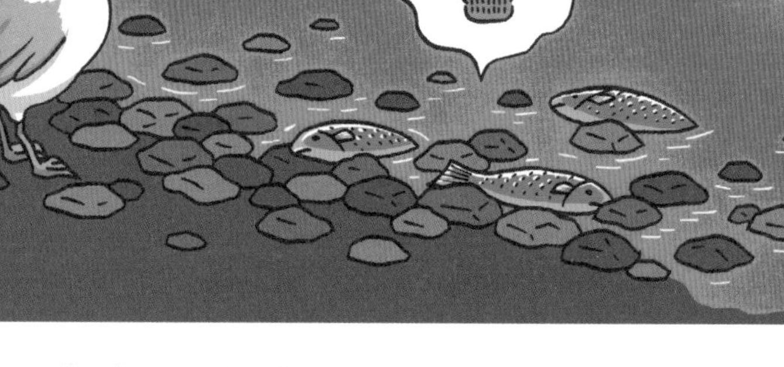

赤潮藻的英文是Red tide algae，也就是「紅色潮水的藻類」。通常是因為工業廢水等導致海水中含有過多的養分，使得藻類大量繁殖，**讓海面形成一片「血海」**。

赤潮藻其實是由大量微小的浮游植物，以及紫菜之類的海藻所組成。如果你認為「**這是好事一件，可以撈到很多紫菜**」，那就大錯特錯了。**赤潮藻可是含有劇毒，會讓動物的神經陷入麻痺的狀態**。

赤潮藻不僅會害死大量的魚類和海鳥，過去還曾經發生過**赤潮藻的毒素被貝類吸收，人類吃了貝類之後窒息而死的案例**。

植物資料

學名	*Karenia brevis* （腰鞭毛藻，夜光藻科）	大小	長度約18～30微米 （1微米等於1毫米的1000分之1）
分布	世界各地的熱帶和溫帶海洋沿岸	附註	有2根「鞭毛」，可以在水裡慢慢旋轉游動。

《聖經》中也曾提到赤潮，形容海水「變成血的顏色」。

病態度

沙盒樹會發射種子炸彈

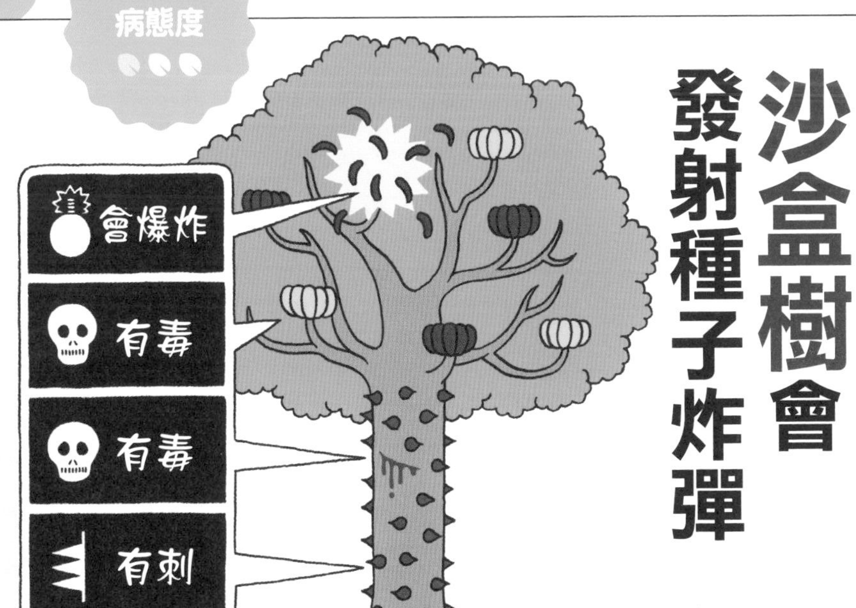

任何靠近的人都會受傷的破壞神。

說起沙盒樹簡直就像是傳說中的破壞神一樣，會傷害所有靠近的人。樹幹上長滿了尖刺，令人觸目驚心。

而且**沙盒樹的果實在成熟時會爆炸，將種子以可怕的速度彈射出去。**據說種子的噴射時速高達240公里，要是被擊中恐怕會受重傷。如果沙盒樹只是要保護自己，照理來說這些武器已經相當足夠了，但**它的樹液和種子竟然還都帶有劇毒**，任何動物看了都只能逃之夭夭。

為什麼沙盒樹會演化成這種全副武裝的植物呢？**或許它在古代曾經蒙受過非常嚴重的心靈創傷吧！**

植物資料

學名	*Hura crepitans*（大戟科）	**大小**	高度約30～60公尺
分布	南北美洲的熱帶地區	**附註**	果實直徑約3～8公分，形狀像南瓜，種子直徑約2公分。

據說吃了沙盒樹的種子會上吐下瀉。

吊桶蘭會讓蜜蜂玩障礙賽遊戲

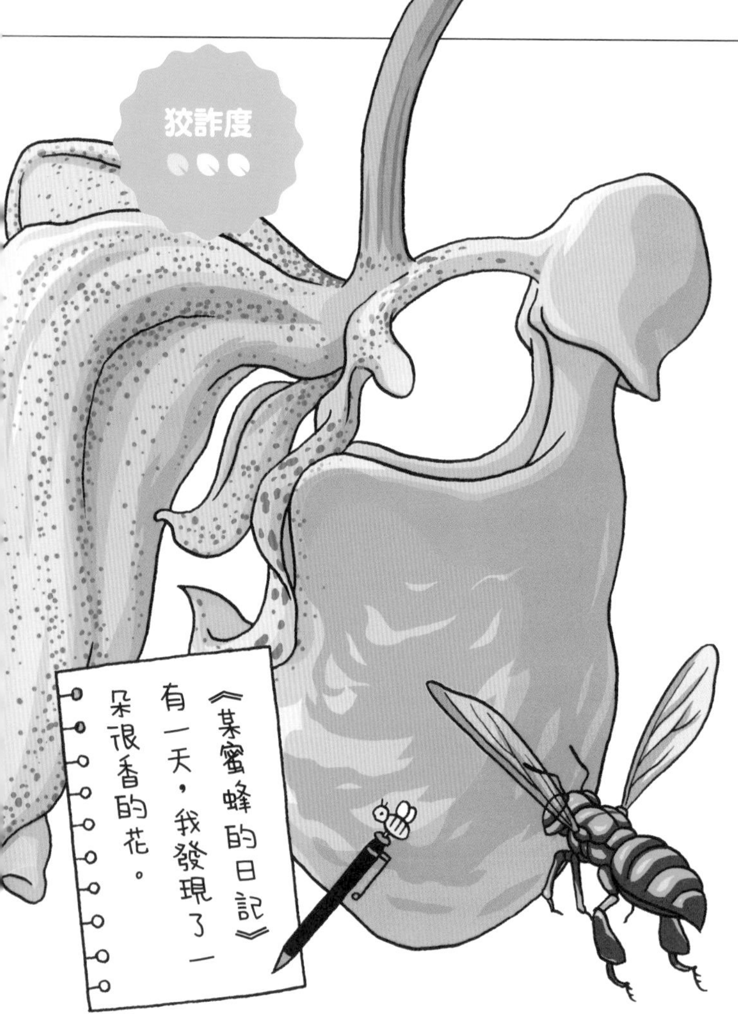

吊桶蘭生長在中美洲的森林裡，雖然是蘭花的一種，但是外觀相當奇特，花朵的下方宛如吊著一個水桶。

那水桶狀的部位裡有著香香甜甜的汁液，許多蜜蜂都會被吸引過來，特別的是，**被吸引來的都是雄蜂**。這是因為在水桶部位的周圍，有許多能誘惑雌蜂的蜜膏，雄蜂為了讓自己更受歡迎，都會爭先恐後的來這裡把蜜膏抹在身上。

當一群被慾望沖昏腦袋的雄蜂聚集在水桶的邊緣處時，一場競技賽就此展開。其中一隻雄蜂，失足滑進了水桶裡，由於水桶裡盛滿了汁液，雄蜂的翅膀濡溼，沒有辦法飛起

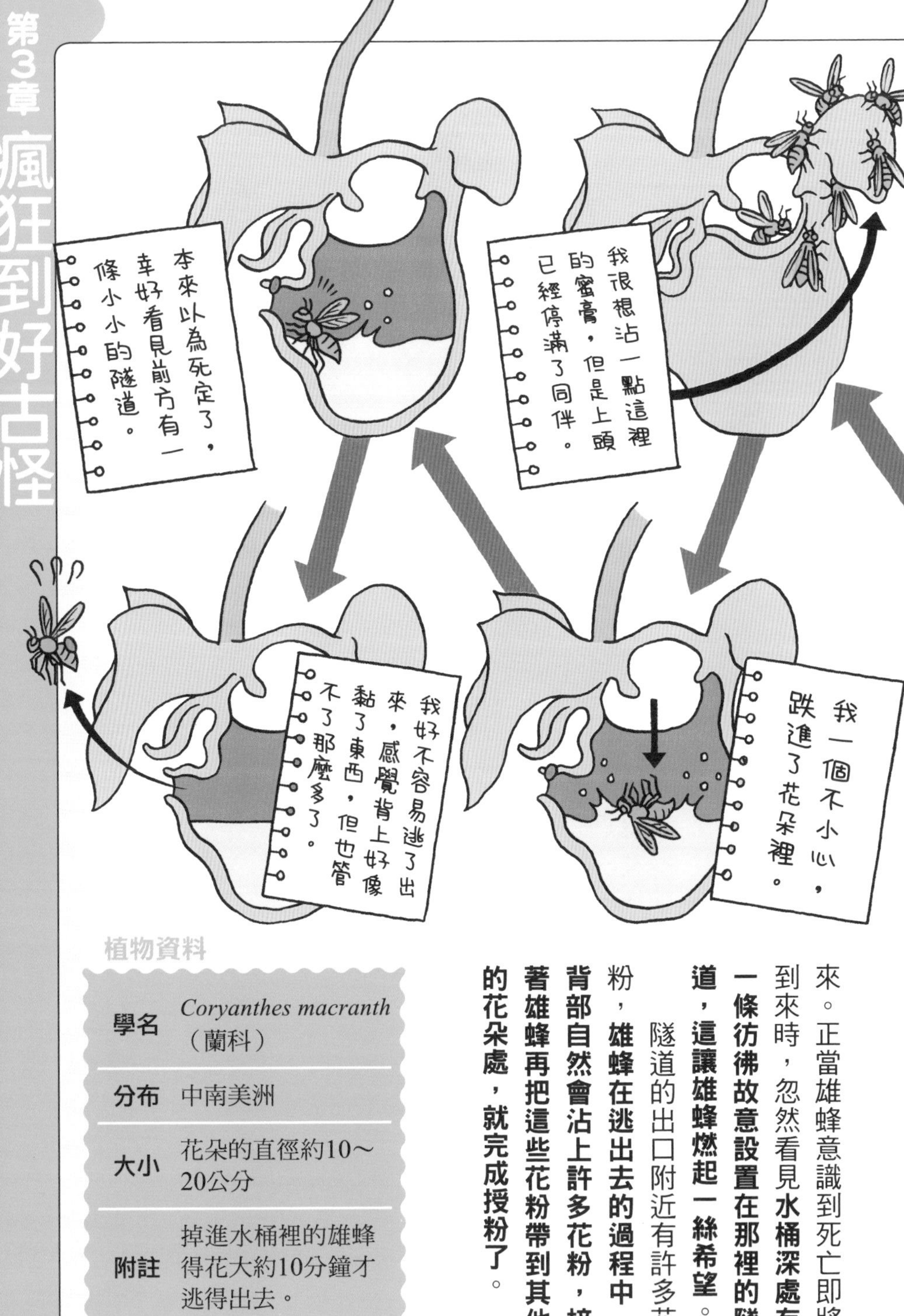

來。正當雄蜂意識到死亡即將到來時，忽然看見**水桶深處有一條彷彿故意設置在那裡的隧道，這讓雄蜂燃起一絲希望**。

隧道的出口附近有許多花粉，**雄蜂在逃出去的過程中，背部自然會沾上許多花粉，接著雄蜂再把這些花粉帶到其他的花朵處，就完成授粉了**。

植物資料

學名	*Coryanthes macranth*（蘭科）
分布	中南美洲
大小	花朵的直徑約10～20公分
附註	掉進水桶裡的雄蜂得花大約10分鐘才逃得出去。

吊桶蘭是一種「附生植物」，會垂掛在其他樹種的樹枝上。

自力更生度

芹葉牻（ㄇㄤˊ）牛兒苗的果實會像鑽子一樣鑽到地底下

芹葉牻牛兒苗是種生長在地中海一帶荒地環境的草本植物，荒地的地面通常很硬，因此存活的最大關鍵，就在於能否讓種子確實進入土壤之中。

為了克服這個難關，芹葉牻牛兒苗想出了一個辦法，那就是「**直接結出螺旋鑽子形狀的果實，種子就長在鑽頭處，讓種子能確實進入地底下**」。

但只有在雨天，鑽子才能確實發揮技能。

芹葉牻牛兒苗的鑽子狀果實在濡溼時才會開始旋轉，這是利用了水會讓纖維產生伸縮現象的力量。

就像拔開葡萄酒瓶栓的鑽子一樣，果實會鑽入地下深處。

植物資料

學名	*Erodium cicutarium* （牻牛兒苗科）	大小	高度約5～40公分
分布	世界各地（原產於歐亞大陸西部和非洲北部）	附註	每年春天會開出直徑1公分左右的淡紫色花朵。

芹葉牻牛兒苗的莖、葉都長著許多細毛。

一肚子水度

巨人柱仙人掌的體內可以囤積10公噸的水

仙人掌是大家都很熟悉的植物，很多人會在家裡種植，但是野生的仙人掌可是無法和家裡的仙人掌相提並論的。

例如**巨人柱仙人掌是世界上最大的仙人掌，高度可達20公尺**（相當於5層樓公寓），而且體內囤積的水分足足有10公噸重，**相當於10輛汽車的重量**。

除此之外，壽命也是不可同日而語，**有些年紀較老的仙人掌，可是從日本的江戶時代（西元1603～1867年）一直活到了現代**。

對了，仙人掌上頭都有尖刺，那是由葉子演變而成的，肥厚的部分則是莖，莖代替葉子肩負起製造養分的工作。

植物資料

學名	*Carnegiea gigantea*（仙人掌科）	大小	最高可達20公尺
分布	北美洲西南方至中美洲	附註	每年到了4～6月的時候，分枝前端會開出白色的花朵。

有一種名叫吉拉啄木鳥的鳥類，會在仙人掌的枝幹上挖洞當作巢穴。

翅葫蘆的種子
能在空中滑翔50公尺

植物不會移動，要如何將種子散播至遠方，成了相當重要的課題。有些植物會故意讓種子被動物吃掉，有些則是會利用昆蟲或流水來幫忙搬運，**翅葫蘆的種子則是長了翅膀，能自行在空中翱翔**。

翅葫蘆會把藤蔓纏繞在相當高的樹上，果實的形狀看起來像安全帽，每一顆果實裡頭都有大約400顆種子，所有種子都長了大約15公分的翅膀。

果實成熟時會裂開，將種子撒入天空。**那模樣是不是和滑翔機有一點像？事實上當初發明滑翔機的人，正是從翅葫蘆的種子獲得了靈感**。

雖然是很厲害的作法，但如果不是在長著很多高聳樹木的森林裡，恐怕也很難發揮。

植物資料

學名	*Alsomitra macrocarpa*（葫蘆科）
分布	亞洲熱帶地區
大小	種子的翅膀寬度約13～15公分
附註	果實為圓形，直徑約20公分。

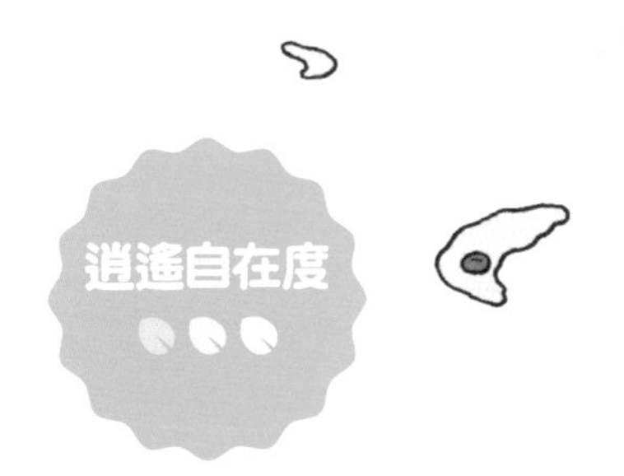

逍遙自在度

種子如果狀況較差，也有可能直接墜落。

炸彈度

觸摸鳳仙花可能會突然爆炸

鳳仙花就像野草一樣，是一種各地都很常見的植物。每年的7～10月會開出紅紫色的小小花朵，總是帶給人一種平靜祥和的氛圍。

但有一個小問題，就是它會爆炸。鳳仙花的果實形狀有點像毛豆莢，但是外層的莢皮很薄，很可能以手指輕輕一碰，**果實就會爆開，彈射出像老鼠屎的種子**，這是它傳播的方式。

因為會彈射種子的特徵，鳳仙花的屬名「*Impatiens*」，**意思是「無法忍耐」、「再也無法承受」**，是不是取得十分貼切呢？

植物資料

學名	*Impatiens* spp.（鳳仙花科）	大小	果實的長度約2公分
分布	日本、中國東北部、臺灣	附註	莖的高度約40～80公分，一次可以彈射出3～4顆種子。

鳳仙花有個親戚叫水金鳳，學名為「*noli-tangere*」，意思是「別碰我」。

塔黃能以葉子建立一座溫室

塔黃是一種生長在喜馬拉雅山脈上的植物。

喜馬拉雅山脈比玉山的山頂還要高，一年到頭都相當寒冷，因此生物相當少，植物也大多長不高。

唯獨塔黃能長得很高大，那是因為塔黃能**建立起一座溫室來守護自己的花朵**。

塔黃有著像高麗菜一樣的葉子，**這些葉子會疊成一座高塔，讓內部的空氣保持溫暖**，藉此守護自己所開的花朵。有辦法自己搭建溫室實在很厲害，但也不禁讓人懷疑，**為什麼不打從一開始就挑溫暖的地方生長**？

植物資料

學名	*Rheum nobile*（蓼科）	大小	高度最高約1.5公尺
分布	喜馬拉雅山脈	附註	因為會建立溫室，所以又被稱作「溫室植物」。

葉片所包覆的內部，溫度比外部高約10℃。

請君入甕度
非洲白鷺花能靠
臭氣吸引糞金龜靠近
快來吧～
快來吧～
快來吧～

非洲白鷺花這種植物會寄生在其他植物的根部，盜取水分和養分來讓自己成長，因此**沒有葉子，從地面上只看得到一個形狀詭異的花苞**。

那花苞看起來有一點像是蛇的頭部，**卻像異形的嘴一樣可以分成3片**。沒錯，又是異形，**而且就和前幾個例子一樣，它很臭**，真的是讓人完全不想靠近的植物。

不過要是糞金龜遇上了它，倒是會興高采烈的撲上去。當糞金龜在花的內部尋找著根本不存在的糞便時，身上就會沾滿了花粉。**想必糞金龜連做夢也不會想到，只不過是找大便也會被騙得團團轉**。

植物資料

學名	*Hydnora africana*（馬兜鈴科）
分布	南非至馬達加斯加島
大小	高度約8～10公分
附註	授粉之後會在地底下結果。

不過非洲白鷺花的果實可以製作成甜點，還是一種止瀉的藥材。

冰雪聰明度

虎葛懂得選擇適合纏繞的對象

藤蔓類植物的植株都很細，沒有辦法撐起自己的身體，所以必須將藤蔓纏繞在其他植物或鐵網牆上。

虎葛是一種做事相當謹慎的植物，它會**先以藤蔓觸摸想要纏繞的東西，確認那是什麼**。原理就在於虎葛的葉片中富含的「草酸化合物」，只要檢測這個成分的多寡，就可以判斷出想要纏繞的對象和自己是不是同類。換句話說，**虎葛絕對不會做出「不小心纏繞住自己」的蠢事**。

不僅如此，虎葛還擁有「逆向旋轉就可以解開纏繞」這種高度技巧，因此還可以**自由改變纏繞的對象**。

植物資料

學名	*Cayratia japonica*（葡萄科）	大小	藤蔓長度約2～3公尺
分布	日本、臺灣、東南亞	附註	每當開出小花後，就會吸引大量想要採食花蜜的螞蟻。

又稱烏蘞莓，嫩芽可以食用，有一股特殊的辛辣味。

毒素放送度

夾竹桃吃了會中毒，連燃燒和栽種也會中毒

夾竹桃是一種很常見的植物，往往在公園或路旁都看得到。但是**這種植物的花、葉、枝幹和根部全部都有劇毒，千萬不能放入口中**。如果是孩童，光是吃了2～3片葉子就有可能小命不保。

不僅如此，**夾竹桃的根部周圍的泥土也會殘留毒素**，而且這些毒素很容易溶解於水中。更可怕的一點，如果燃燒夾竹桃，毒性反而會增強，光是吸了煙就會中毒。在臺灣，曾有人折夾竹桃的枝條來當筷子，因而中毒的著名事件。

唯一值得慶幸的一點，是它的花很漂亮。

植物資料

學名	*Nerium oleander*（夾竹桃科）	大小	高度約2～4公尺
分布	世界各地的熱帶和溫帶地區	附註	花朵有白色、粉紅、黃色等各種顏色。

在空氣汙濁的環境裡也能生長，因此戰爭剛結束時常有人種植夾竹桃。

滾滾太郎終於快被搞瘋了！接下來他將面臨什麼樣的命運？

第4章

毫無道理可言的古怪

師父1 麻風樹

毫無道理可言的植物篇
要去哪裡才能找到莫名其妙的神祕植物呢？
滾滾滾滾滾滾
午安！能不能讓我見識一下你的特技？
跳起
沒問題！
這是我折下的樹枝，你拿去吹吹看吧！

讓我來說明吧！只要折下麻風樹的樹枝，放在嘴裡吹氣，就可以吹出泡泡呢！

哇！可以吹泡泡吔！好好玩！
吹～
如何？是不是很厲害？

啪！
哈哈哈哈！

驚
真的很厲害！害我一時玩得太開心。

但是，這個能力有什麼意義？

當折斷麻風樹的樹枝時，斷面會流出很滑的汁液，這些汁液裡頭含有和肥皂一樣的成分，因此把樹枝當成吸管吹氣，就可以吹出泡泡來，相當有趣唷！

學名	*Jatropha curcas*（大戟科）
分布	世界各地的熱帶、亞熱帶地區
大小	高度約5公尺
附註	麻風樹汁液能保護自身不受病原菌和昆蟲的侵害，但人類碰到可能會過敏、發炎。

師父2
神祕果

午安！能不能讓我見識一下你的特技？
好，你先喝一口這杯檸檬汁看看。
Let's try!
哇！好酸！
呵呵呵……
現在你咬我一口，再喝一次看看。
咦？真的可以嗎？

哇！檸檬汁變好甜！

這就是我的神奇特技！

It's A Miracle!

讓我來說明吧！先吃了神祕果，再吃檸檬之類很酸的東西，會覺得非常甜，一點也不酸！

神祕果中含有一種名為「神祕果素」的物質，可以讓舌頭誤把酸味當成甜味，至於鹹味和苦味等其他味覺則不會發生變化。在朋友面前表演這一招，朋友一定會非常佩服你。

學名	*Synsepalum dulcificum* （山欖科）
分布	非洲西部沿岸
大小	果實長度約2公分
附註	感覺食物變甜的效果大約會持續1小時，包含加了醋的食物也都會變甜。

師父3
班克木

有燒焦的味道。慘了，發生森林大火了！

轟轟轟

燃燒燃燒

那邊那位先生，你還不快逃走！

不用逃，我不怕被燒！

轟！轟！

啊！為什麼？

說得更明白點，我希望被燒！

啪啪啪啪啪啪

讓我來說明吧！班克木能利用森林大火來散播種子，大量繁殖同伴！

當發生森林大火時，班克木的果實會因為內部空氣膨脹的關係而破裂，將種子撒在地上。由於其他植物都會被火燒成灰燼，班克木的種子就可以靠其他植物的犧牲來成長，獨占所有的陽光和養分。

學名	*Banksia* spp.（山龍眼科）
分布	澳洲
大小	高度最高約25公尺
附註	就算地面上的部分燒掉了，地底下的根部還是可以發芽成長。

積水型鳳梨會飼養青蛙

安心的私人空間

真舒適。

完善的飲水設施

咕嚕咕嚕

顧客滿意度

積水型鳳梨在自然界中，就像是動物的飯店。

這一類植物長到一定程度後，會擁有許多長長的葉子。每到下雨天，雨水會囤積在葉子的底部，形成小水窪。

這些小水窪會吸引許多動物前來，除了鳥類會來這裡喝水之外，蚊子、蜻蜓也會在水裡產卵。

更驚人的是，有些青蛙會在這種積水型鳳梨的小水窪裡養育孩子。牠們會先在落葉上產卵，當卵孵化成蝌蚪後，牠們就會把蝌蚪背在背上，帶到積水型鳳梨的小水窪裡。

每一片葉子所形成的小水窪，只放入一隻蝌蚪。這些蝌

植物資料

學名	*Aechmea*、*Neoregelia* 等（鳳梨科）
分布	中美洲
大小	高度約30～100公分
附註	積水型鳳梨會將根部附著在其他樹木的樹枝上。

蚪就以孑孓（蚊子的幼蟲）或其他小蟲為食物，在安全的環境裡長大。

就像是「青蛙的背包客旅館」，當然積水型鳳梨會這樣提供動物安全的棲身之所，也是有它的目的，水裡的鳥糞和青蛙糞便**為植物提供了生長所需要的營養**。

有時也會成為螃蟹、蜥蜴或小蛇的住處。

徒勞無功度

加島仙人掌再高也會成為鬣蜥的食物

在一座島上，加島仙人掌原本長得很矮，一直是陸鬣蜥的最佳食物。加島仙人掌不想繼續被吃，於是想出了一個辦法：「對了，**只要我能像大樹一樣高，那些陸鬣蜥就吃不到我了。**」

於是加島仙人掌花了很漫長的時間演化，獲得了堅硬的主幹，**變得非常高大，陸鬣蜥再也爬不上去**。

但是有一天，陸鬣蜥遇上了海鬣蜥，**兩人生下的孩子雖然是在陸地上生活，卻擁有像海鬣蜥一樣的尖銳爪子**，牠們於是爬上高聳的加島仙人掌，大口大口吃起了柔軟的部位。

——全劇終

植物資料

學名	*Opuntia galapageia*（仙人掌科）	大小	高度最高約12公尺
分布	加拉巴哥群島	附註	也有比較低矮的品種。

達爾文將海鬣蜥形容為「黑暗中的惡魔」。

滿天星的味道像大便

格格不入度

滿天星又稱縷絲花，是相當受花市歡迎的植物，經常出現在花束之中。

世界各地的滿天星種類超過60種，野生的滿天星在每年的5～6月會開出許多白色或粉紅色的小花，不僅外觀可愛，而且**還有個相當匹配的花語：「純淨的心」**。但你知道嗎？**滿天星的味道很像大便**。

氣味來自滿天星所產生的一種名叫「乙酸甲酯」的物質，這種物質的氣味類似「廁所臭味或汗臭味」，能吸引昆蟲上門。

雖然滿天星的花束經常被用來當作結婚典禮或畢業典禮的贈禮，但是請放心，**市面上販賣的滿天星都是氣味較少的品種**。

植物資料

學名	*Gypsophila elegans*（石竹科）	大小	高度約50～60公分
分布	亞洲、歐洲、非洲北部	附註	市面上販賣大多是白色小花，也有深粉紅色小花的滿天星。

市面上也可買到能抑制滿天星臭味的除臭劑。

地下蘭的花朵是開在地底下

地下蘭能開出非常雅致的酒紅色花朵，卻沒有人看見，因為**它的花都是開在地底下30公分處的泥土裡**。

這種植物一生都在地底下度過，它能靠地底下的菌類獲取養分，所以沒有露出地面的必要。躲在地底下就不用擔心被天敵吃掉，也容易找到水分，好處可真多。

但有一個相當大的疑點，那就是我們並不清楚**這種植物如何繁衍後代**。目前科學家只知道有一種名叫「蕈蚋」的小昆蟲（體長約2毫米）會協助地下蘭搬運花粉，但還查不出**這些小昆蟲是怎麼鑽進地底下運作的**。

植物資料

學名	*Rhizanthella gardneri*（蘭科）
分布	澳洲
大小	花的長度約2.5～3公分
附註	每一朵花其實是由10～150朵小花集合而成。

 由澳洲的農民在1928年偶然發現。

英雄度

木瓜能拯救人類

每個人都想要永遠保持健康，人類的這個心願，或許能藉由木瓜來實現。

木瓜的種子裡頭有一種名為「異構硫氰酸鹽」的成分，這種成分就和山葵一樣，有股嗆辣的味道。木瓜中有這種成分，原本是為了避免遭昆蟲啃食，但是近年來的研究發現，**這種成分可以消除致癌物質的毒性**。

不僅如此，據說還可以減輕腰痛和肩膀僵硬等症狀，消除眼部疲勞，防止心血管疾病等。木瓜種子的白色汁液，則對燒燙傷、青春痘和過敏體質具有療效。**木瓜的健康效果，可說是多到說也說不完**。

植物資料

學名	*Carica papaya*（番木瓜科）	大小	果實長度約20公分
分布	世界各地的熱帶地區都有栽種	附註	青木瓜有相當多的營養，可加入生菜沙拉或和其他料理熱炒。

熱量比橘子、蘋果等水果還低。

有一種流行於30年前的花朵形玩具，名叫「FLOWER ROCK」，這種玩具只要一聽到聲音就會開始跳舞。

事實上有一種植物也會像那樣跳舞，那就是跳舞草。

跳舞草的葉片和莖的連接處有著類似關節的部位，**只要周遭一有聲音，就會開始搖擺**。尤其是對高音特別敏感，例如**聽見女性的歌聲或手機鈴聲，就會舞動得不亦樂乎**。

據推測或許是為了調節水分，葉片的連接處才會出現伸縮的現象，但真正的原因至今還是個謎。

植物資料

學名	*Codariocalyx motorius*（豆科）	**大小**	高度約80公分
分布	亞洲熱帶地區	**附註**	夏天會開出不起眼的紫色小花。

如果氣溫超過35℃，就算沒有聲音也會擺動。

長根滑鏽傘是一種白色的蕈菇，每年到了秋天，高山上或森林裡就會出現它的蹤影。長大後的它有個最大的特徵，那就是菌柄長達8～17公分。

為什麼菌柄會這麼長？因為**它是靠著幫鼴鼠清潔廁所維生，而鼴鼠在地底下挖掘的巢穴長達100公尺左右**。

再說鼴鼠的巢穴可不是單純的隧道而已，裡頭還會依目的區分出許多房間，例如寢室、食物倉庫、飲水間、廁所等，相當具有規模。

在房間規畫上也很講究，鼴鼠是種愛乾淨的動物，寢室的位置通常離廁所很遠。**長根滑鏽傘就是從鼴鼠的廁所生長**

出來，**以鼴鼠的糞便作為成長的養分**。

由於鼴鼠的廁所都是在地底下，**糞便沒有曝晒在空氣中，不容易風化，因此可以常保新鮮**。長根滑鏽傘正是看準了這一點，才演化成了這種專門替鼴鼠清潔廁所的蕈菇。**對了，長根滑鏽傘是可以吃的**。

植物資料

學名	*Hebeloma radicosum*（絲膜菌科）
分布	日本、北美洲、歐洲
大小	菌傘的直徑約8～15公分
附註	研究這種植物同時也對鼴鼠的研究有所幫助。

鼴鼠的巢穴會世代傳承下去，所以能有源源不絕的糞便。

安倍水玉杯和裸海蝶剛好長得很像

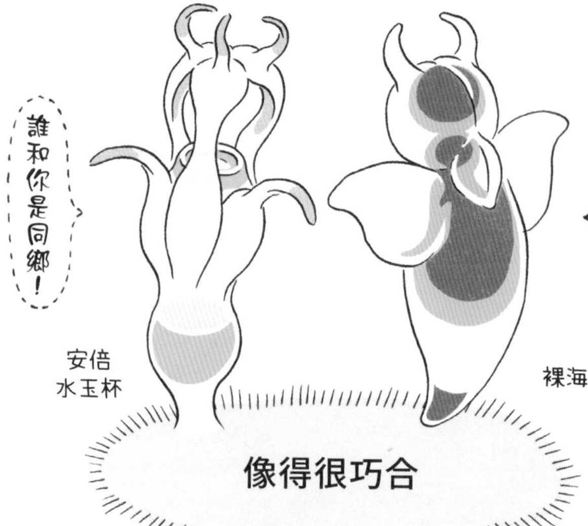

一個模子度

「**擬態**」是生物在嚴苛的自然環境中存活下來的技巧之一，讓自己看起來像小石子或昆蟲，可以降低被天敵吃掉的機率。

然而，**日本竟然有一種名叫安倍水玉杯的森林植物，開出的花朵很像深海裡名叫裸海蝶的生物**，是不是很奇妙？

裸海蝶棲息在水深200公尺左右的冰冷海底，**長得像牠並沒有好處**。「那不就一點意義也沒有？」你一定會這麼說吧？既然剛好長得很像，那也沒辦法。

不知道是不是這個緣故，安倍水玉杯被日本的環境省指定為瀕臨絕種*的生物。

*指不久的將來，野生種有滅絕風險的生物。

植物資料

學名	*Thismia abei*（水玉簪科）	大小	高度約3～4公分
分布	日本	附註	體積小又常隱藏在落葉之中，因此很難發現。

安倍水玉杯能讓菌類生長在體內，靠著菌類獲得養分和水分。

百歲蘭能活2000年，卻只有兩片葉子

不符期待度

在非洲的納米比沙漠有一種稱作百歲蘭的植物，但它的壽命可不只百歲，有些甚至能**超過2000年，但一生卻只有兩片葉子**。

這兩片葉子的長度都超過2公尺，而且**會在成長的過程中裂成好幾片，因此看起來有點像海草**。沙漠裡幾乎不下雨，但是偶爾會起霧，因此百歲蘭的存活之道，就是把葉子盡量張大，吸收霧氣中的水分。

此外，為了吸取地下水，百歲蘭的根部長達3公尺，比葉片還長。**讓人不禁懷疑，或許根部才是本體**。

植物資料

學名	*Welwitschia mirabilis*（百歲蘭科）	大小	葉片長度約2～3公尺
分布	納米比沙漠（納米比亞）	附註	在全世界數量相當稀少，所以受到特別的保護。

 種子有兩片半透明的翅膀，能隨風飛到很遠的地方。

說起竹子，大家心裡想的應該都是綠油油的竹林景象，但其實竹子也是會開花的，只不過很久才開一次。**以桂竹為例，120年才開一次花**，而且開完後不久就會枯萎。

在植物界中，開花後枯萎並不是罕見的事，有些植物能繁衍好幾次後代，但也有植物在結一次種子之後就會枯死，例如向日葵或牽牛花。

竹子的情況也一樣，只不過周期特別長而已，而且**往往不是單獨一根竹子枯萎，是數千根竹子同時枯萎，也就是整片竹林突然全部枯死。**

為什麼會發生這樣的情況呢？原因就在於**整片竹林的竹**

整片竹林會突然消失

夢幻度

颼颼—

爸爸，你說這裡有一片開了花的竹林？
咦？難道我看見幻覺了？

子在地底下都是連在一起的，就好像埋藏在道路下方的水管，可以通往每一個家庭一樣。竹林的地底下有著網狀的地下莖，所有的竹筍都是從這些地下莖長出來的。

桂竹曾在1960年代開過一次花，**下一次開花的時間應該是2080年左右**，只有很幸運的人，才能親眼目睹。

植物資料

學名	*Phyllostachys bambusoides*（桂竹，禾本科）
分布	日本、中國南方、臺灣
大小	高度約20公尺
附註	竹筍的生長速度很快，有24小時長高121公分的紀錄。

科學界對桂竹的正確壽命還沒有定論，但較可靠的推測是120年。

高蹺椰會朝著
明亮處慢慢前進
慢慢走～
慢慢走～
慢慢走～

本書的基本理念是「植物正因為不會動，所以變得千奇百怪」，但是有一種危險的植物，可能會澈底顛覆這個理念，那就是高蹺椰。

這種樹的下方有許多「支柱根」，能支撐身體，**乍看之下有點像掃帚，這正是讓高蹺椰能行走的祕訣**。

高蹺椰會將身體往較明亮的方向傾斜，接著**重心偏移方向的下方就會慢慢生出新的支柱根**；相反的，不再承受體重的支柱根則會因為失去作用而慢慢消失。

於是整棵樹就慢慢往明亮處前進，**不過速度相當慢，每年只會前進10公分左右**。

到處閒晃度

植物資料

學名	*Socratea exorrhiza*（棕櫚科）
分布	中美洲至南美洲
大小	高度約15～20公尺
附註	當地人將這種樹的果實當作食物，莖則作為鋪築屋頂的材料。

學名中的「*Socratea*」，源自於喜歡邊走路邊想事情的哲學家「蘇格拉底」。

刺刺度

摸了咬人貓會被咬

咬人貓又名蕁麻，乍看之下是相當平凡的植物，卻擁有生物界最高等級的防衛系統。

那就是毒刺，咬人貓的莖、葉上有著無數的小尖刺，只要扎在動物的皮膚上，就可以**像打針一樣，把毒素注入動物的體內**。

這套防衛系統就和虎頭蜂的毒針、毒蛇的尖牙是相同的道理，一旦被咬人貓的毒刺扎到，就會非常疼痛，所以不管任何草食性動物，都不敢接近咬人貓。

然而最可怕的一點，在於**咬人貓是全世界隨處可見的平凡植物**。如果因為心情不好隨便拉扯咬人貓出氣，下場可能是心情變得更加不好。

植物資料

學名	*Urtica thunbergiana*（蕁麻科）	**大小**	高度約0.7～1.2公尺
分布	日本、臺灣、中國	**附註**	紐西蘭的木蕁麻高度約4公尺，毒性也強得多。

咬人貓的花語是「殘酷」、「中傷」、「惡意」、「傷了我的心」等。

白費力氣度

雞屎藤能放出臭氣保護自己，但是效果並不大

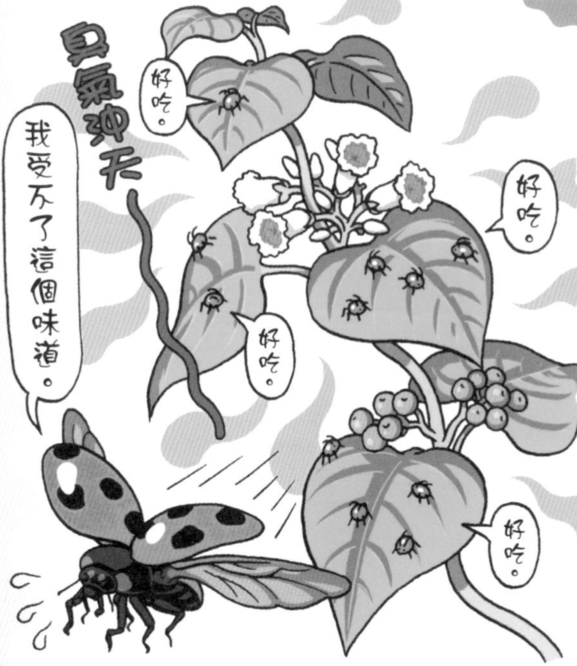

雞屎藤這名稱聽起來很臭，實際上聞起來更臭。

當雞屎藤感覺到自己的葉片或果實正遭受傷害時，會釋放出一種名叫硫醇的氣體，味道和大便很像，能抑制動物或昆蟲的食慾，雞屎藤便是藉由這種方法來保護自己。

然而，有一種名叫雞屎藤蚜（*Aulacorthum nipponicum*）的蚜蟲，不僅完全不在乎這種氣味，**還會盡量吸食雞屎藤的汁液讓自己變臭，如此一來就不容易遭鳥類獵食。**

蚜蟲的天敵是瓢蟲，但瓢蟲不喜歡靠近有著大便氣味的雞屎藤，**到頭來雞屎藤還是不斷被吃，努力全成了白費力氣。**

植物資料

學名	*Paederia scandens*（茜草科）	大小	葉片長度約4～10公分
分布	日本、中國南方、臺灣、印度、東南亞	附註	人類把這種氣味加入瓦斯中，如果瓦斯外洩就能及早發現。

 雞屎藤蚜還能靠鮮豔的體色向天敵強調「我很難吃」。

蟲子越多，辣椒就越辣

辣椒會辣，是因為含有一種名叫「辣椒素」的成分。**這個成分的功效是抑制細菌和病毒的滋生**，當辣椒一被蟲咬，就會分泌出很多辣椒素來保護傷口，**因此在蟲子越多的地方，生長出來的辣椒就會越辣**。

但是從另一個角度來想，大部分植物的果實都很甜，為什麼辣椒會故意讓自己變辣？這是個相當耐人尋味的問題，有一種說法是「**辣椒靠這個方法來決定自己會被誰吃**」。

大部分的動物都因為辣椒很辣而不喜歡吃它，**但是鳥類卻感覺不到辣味，所以吃辣椒完全不會有任何問題**。鳥類沒

植物資料

學名	*Capsicum annuum*（茄科）
分布	世界各地都有栽種（原產於美洲熱帶地區）
大小	果實長度約2～30公分
附註	有一種動物很喜歡辣椒的辣味，那就是人類。

有牙齒，不會傷害到辣椒裡頭的種子，而且因為會飛的關係，能將帶有種子的糞便排放到相當遠的地方，這對辣椒來說是求之不得的事情。

換句話說，**辣椒在演化的過程中，挑選了鳥類作為吃自己的對象。**

 不知道為什麼，所有的鳥類之中只有烏鴉能感覺到辣味。

違背期待度

山葵生吃一點也不辣

有很多人只看過裝在塑膠軟管裡的山葵醬，但其實山葵是一種生長在清澈小河畔的植物。早在1000年前，日本人就以山葵作為調味料和藥物。

舔一口山葵醬，就算只是一點點的量也會覺得很嗆鼻，但**如果是剛採下的生山葵，就算是大口咬下，也不會覺得辣**。

山葵的辣味來自於一種名叫「異構硫氰酸丙烯酯」的成分，但山葵的細胞沒有被破壞就不會產生這種成分。換句話說，**山葵必須磨成泥狀才會辣**。

而且如果放置一陣子之後，山葵的辣味會消失，**只剩下類似大蒜的氣味**。

學名	*Eutrema japonicum* （十字花科）	大小	地下莖（磨成泥的部分）長約20～30公分
分布	日本	附註	山葵是日本的特產，春天會開出白色花朵。

植物資料

「異構硫氰酸丙烯酯」易蒸發，只要接觸體溫就會氣化刺激鼻腔黏膜。

好像很硬度●●●

生石花看起來和石頭沒兩樣

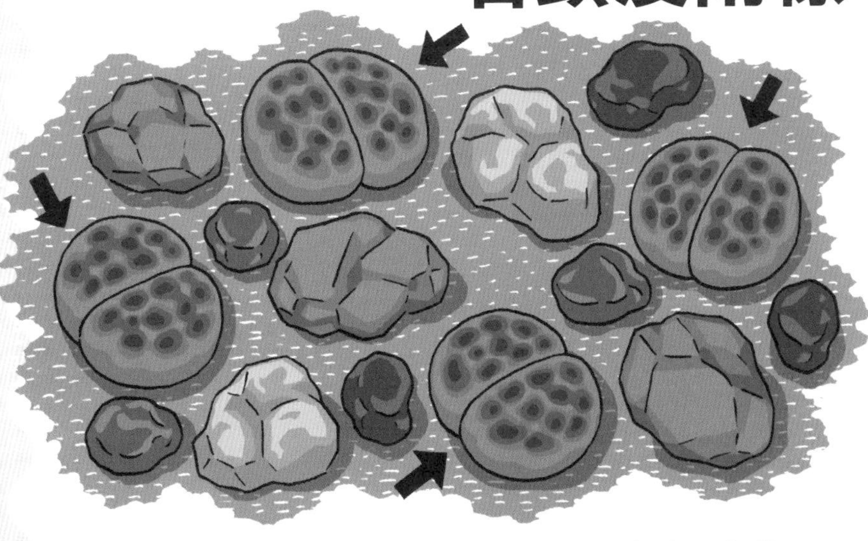

沙漠地帶由於環境嚴苛，動物為了確保水分，可說是用盡了手段。就連長滿尖刺的仙人掌，在動物的眼裡也成了美食。**生石花為了不讓自己被動物吃掉，只好偽裝成小石頭**。

看起來像圓形石頭的部分其實是葉子，表面類似軟木，摸起來又粗又硬，能避免內部的水分流失。

不僅如此，生石花還會脫皮，新的葉片會從兩片葉子的縫隙處鑽出來，看起來簡直像是蟬的幼蟲脫殼而出。

因為外觀奇特且罕見的關係，在日本昭和*初期，生石花的售價甚至比鑽石還昂貴。

*昭和時代為1926年至1989年。

植物資料

學名	*Lithops* spp.（番杏科）	大小	葉片的直徑約5公分
分布	非洲南方	附註	因為看起來像石頭，又有「石頭玉」的別稱。

生石花和絕大部分的植物相反，會在冬天成長，在夏天休眠（夏眠）。

彩虹桉樹有著七彩顏色

因為色彩太鮮豔的關係，就算謊稱這畫是「**梵谷晚年的畫作**」，恐怕也有人會相信，但這是實際存在於自然界中的樹木。

彩虹桉樹是一種生長在菲律賓民答那峨島等地的樹種，最高可成長到70公尺左右，**在成長的過程中，樹皮會逐漸脫落**，這正是樹幹呈現七彩顏色的原因，樹皮脫落後的部位會**隨著時間而依序變成藍色、紫色、橙色和紅褐色**。

最大的關鍵就在於樹皮是一點一點脫落的，樹皮較早脫落的部位，顏色會和較晚脫落的部位不同，**於是就形成了有如彩虹般的奇妙七彩顏色**。

植物資料

學名	*Eucalyptus deglupta*（桃金孃科）
分布	新幾內亞、蘇拉威西和菲律賓
大小	高度約30～70公尺
附註	樹幹可做成用於造紙的紙漿。

這是唯一一種能在北半球自然生長的桉樹。

這趟旅行雖然見識到了不少充滿神祕感的植物。
卻也讓我更加意識到自己是多麼平凡。

我知道自己不管再怎麼努力，也不可能變得充滿神祕感。

看來我只能放棄對四葉草妹妹的追求了。

咦？

呵呵呵！

橡實滾滾太郎，其實你自己也是既神祕又古怪的植物呢！

植物學家　菅原久夫

你是本書的監修者菅原久夫老師！

哈哈哈

你說我……

你說我既神祕又古怪，是真的嗎？

你們橡實可是在背地裡偷偷控制著野鼠的數量高手呢！

超級幕後黑手

吱吱？

你……你說什麼？

學名	*Quercus crispula*（殼斗科、櫟屬）
分布	日本、朝鮮半島等地
大小	果實長度約3公分
附註	樹高約10～35公尺，樹齡在500年以上，有些甚至可超過1000年。

原來，我們橡實是這麼充滿神祕感的族群！
祕密組織橡實團
轟
轟
轟
轟
哇～
哇～
天啊！我完全不知道有這種事。

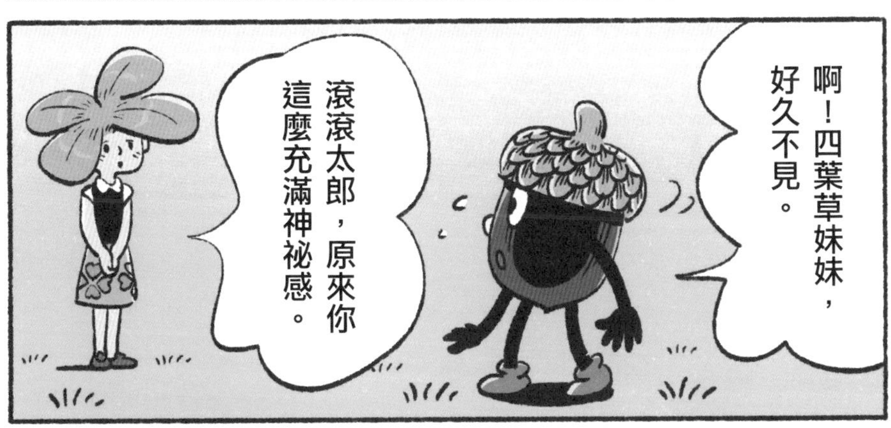
啊！四葉草妹妹，好久不見。
滾滾太郎，原來你這麼充滿神祕感。

四葉草妹妹……
噗通
噗通
噗通

滾滾太郎……
噗通
噗通
噗通

雖然經歷一些波折，最後還是有情人終成眷屬！恭喜你了，滾滾太郎！

後記

書中介紹了許多神祕又古怪的植物，這些植物的外觀或生態模式乍看之下或許令人感到匪夷所思，但其背後都是基於精打細算的理由和存活之道。

在漫長的歲月裡，
植物一直維持著不屈不撓的強韌生命力。
雖然一輩子都動不了，
但是它們只要有陽光、空氣和水就能好好活下去。
它們懂得利用風或昆蟲的力量，
將花粉或種子搬運至遠方繁衍後代。
不管是沙漠、高山、海邊、經常氾濫的河岸平原、剛發生過森林大火的焦地，還是在水裡，
都能看見它們的蹤影。
不論環境怎麼嚴苛，它們都能適應，
就算被人連根拔起，馬上又會有新的同伴生根發芽，

甚至擁有保護自己的強大武器。
它們讓地球變成了一顆綠色的星球，
所有的動物都仰賴它們才得以存活。

植物雖然看起來是如此平凡而脆弱，
實際上卻是非常了不起的生物。
希望本書能改變你對植物的看法。

——菅原久夫

索引

參考文獻

《幻奇植物園》（西畠清順著／SORAMIMI工房繪／啟動文化）
《圖解恐怖怪奇植物學》（稲垣榮洋著／黃薇嬪譯／奇幻基地）
《植物看得見你：還聞得到、知道蟲子的Size、有方向感、有記憶——你想像不到的超強感受力！》（丹尼爾・查莫維茲著／矢野真千子譯／麥田）
《植物比你想的更聰明：植物智能的探索之旅》（司特凡諾・曼庫索、阿歷珊德拉・維歐拉著／謝孟宗譯／商周）
『植物はすごい　生き残りをかけたしくみと工夫』（田中修 著／中央公論新社）
『地球200周！ ふしぎ植物探検記』（山口進 著／PHP研究所）
『植物の私生活』（デービッド・アッテンボロー 著／門田裕一 監訳／手塚勲+小堀民惠 訳／山と溪谷社）
『邪悪な植物　リンカーンの母殺し！ 植物のさまざまな蛮行』（エイミー・スチュワート 著／山形浩生 監訳／守岡桜 訳／朝日出版社）
『ミラクル植物記』（土橋豊 著／トンボ出版）
『森を食べる植物　腐生植物の知られざる世界』（塚谷裕一 著／岩波書店）
『ふしぎな生きものカビ・キノコ　菌学入門』（ニコラス・マネー 著／小川真 訳／築地書館）
『花の王国 第4巻（珍奇植物）』（荒俣宏 著／平凡社）
『毒草の誘惑』（植松黎 著／講談社）
『きのこの下には死体が眠る!?　菌糸が織りなす不思議な世界』（吹春俊光 著／技術評論社）
『毒きのこ　世にもかわいい危険な生きもの』（白水貴 監修／新井文彦 写真／幻冬舎）
『たたかう植物　仁義なき生存戦略』（稲垣栄洋 著／筑摩書房）
『怖くて眠れなくなる植物学』（稲垣栄洋 著／PHP研究所）
『植物はそこまで知っている　感覚に満ちた世界に生きる植物たち』（ダニエル・チャモヴィッツ 著／矢野真千子 訳／河出書房新社）
『粘菌　その驚くべき知性』（中垣俊之 著／PHP研究所）
『粘菌　偉大なる単細胞が人類を救う』（中垣俊之 著／文藝春秋）
『ふしぎの植物学　身近な緑の知恵と仕事』（田中修 著／中央公論新社）
『植物の生存戦略　「じっとしているという知恵」に学ぶ』（「植物の軸と情報」特定領域研究班 編／朝日新聞社）
『へんてこりんな植物』（パイインターナショナル）
『驚異の植物 花の不思議　知られざる花と植物の世界』（ニュートンプレス）
『植物は〈知性〉をもっている　20の感覚で思考する生命システム』（ステファノ・マンクーゾ+アレッサンドラ・ヴィオラ 著／久保耕司 訳／ＮＨＫ出版）
『雑草の成功戦略　逆境を生きぬく知恵』（稲垣栄洋 著／ＮＴＴ出版）
『「植物」という不思議な生き方』（蓮実香佑 著／PHP研究所）
『アセビは羊を中毒死させる　樹木の個性と生き残り戦略』（渡辺一夫 著／築地書館）
『イタヤカエデはなぜ自ら幹を枯らすのか　樹木の個性と生き残り戦略』（渡辺一夫 著／築地書館）
『植物のあっぱれな生き方　生を全うする驚異のしくみ』（田中修 著／幻冬舎）
『毒のある美しい植物　危険な草木の小図鑑』（フレデリック・ギラム 著／山田美明 訳／創元社）
※臺灣方面的資料註記則參考自「臺灣植物資訊整合查詢系統」、「臺灣本土植物資料庫」、「臺灣生命大百科」等網站。

國家圖書館出版品預行編目 (CIP) 資料

好奇孩子大探索 : 真的假的 ? 原來植物這麼妙 / 菅原久夫監修 ; 白井匠 , 栗原崇繪圖 ; 李彥樺翻譯 . -- 初版 . -- 新北市 : 小熊出版 : 遠足文化事業股份有限公司發行 , 2021.09
192 面 ; 14.8×21 公分 . --（廣泛閱讀）
譯自 : だれかに話したくなる あやしい植物図鑑
ISBN 978-986-5593-93-3（平裝）
1. 植物形態學 2. 演化
371 110013792

廣泛閱讀

好奇孩子大探索：真的假的？原來植物這麼妙

監修：菅原久夫｜繪畫：白井匠、栗原崇｜譯者：李彥樺｜審訂：葉綠舒（慈濟大學通識教育中心助理教授）

總編輯：鄭如瑤｜主編：劉子韻｜協力編輯：謝宜珊｜美術編輯：莊芯媚｜行銷經理：塗幸儀

出版：小熊出版 / 遠足文化事業股份有限公司
發行：遠足文化事業股份有限公司（讀書共和國出版集團）
地址：231 新北市新店區民權路 108-3 號 6 樓｜電話：02-22181417 ｜傳真：02-86672166
劃撥帳號：19504465 ｜戶名：遠足文化事業股份有限公司
Facebook：小熊出版｜ E-mail：littlebear@bookrep.com.tw

讀書共和國出版集團網路書店：www.bookrep.com.tw
客服專線：0800-221029 ｜客服信箱：service@bookrep.com.tw
團體訂購請洽業務部：02-22181417 分機 1124
法律顧問：華洋法律事務所／蘇文生律師｜印製：凱林彩印股份有限公司
初版一刷：2021 年 9 月｜初版四刷：2024 年 6 月
定價：380 元｜ ISBN：978-986-5593-93-3
書號 0BWR0046

小熊出版官方網頁

小熊出版讀者回函

\\ 一點也不古怪！ //

淺顯易懂的 植物MAP

氣候類型

搞不懂什麼是熱帶，什麼是寒帶？
最容易理解的地圖，
保證讓你一目了然！

雖然地球只有一個，但是我們所感受到的氣候卻會因位置而產生極大的差異。

爲什麼會這樣？

這個有點複雜，這邊只用最簡單的方式來說明。地球繞著太陽旋轉，中間位置（赤道附近）剛好對著太陽，所以能照到最多陽光。

當氣候不同，生長的植物也會完全不同！

植物沒有辦法移動，只能在相同的地點度過一生。因此唯有外觀形態和特徵能適應環境的植物，才能存活下來。也因為這樣，這個世界上充滿了各種千奇百怪的植物！

好冷！
寒帶氣候
亞寒帶氣候
這裡很溫暖。
口好渴。
好乾燥。
熱帶氣候
溫帶氣候
氣候就像人生一樣千變萬化！

換句話說，中間位置的人會感覺到太陽從頭頂正上方照射下來，因此最熱，而越往南或往北就越冷。

每種氣候都有不同的名字

區分氣候的方法有很多種，這邊只簡單把氣候大致分成5種，請搭配上方的世界地圖來比對。

名稱

名稱
熱帶
乾燥
溫帶
亞寒帶
寒帶

HOT
COOL

氣候會讓植物發生什麼樣的變化？

超級熱的熱帶氣候植物
熱帶氣候地區整年都很炎熱，而且經常下雨，就算是氣溫較低的日子也有18℃以上。這對植物來說，是最佳的成長環境。依照降雨量，還可以細分成三種氣候。
在熱帶和溫帶之間，其實還有著雖然溫暖但有冬天的地區，稱為「亞熱帶氣候」。
用一句話來說明……
承受充足的陽光，植物蓬勃生長！
熱帶雨林氣候
一整年都很熱，常下雨，有時還會出現超強的豪大雨，適合高聳的樹木和藤蔓植物生長，整片森林鬱鬱蒼蒼。
鳳梨（P.148）
香蕉（P.92）
毒番石榴（P.58）
季風氣候
雖然一整年都很熱，而且常下雨，但是冬天會有一段雨量較少的時期，適合栽種稻米和香蕉等。
大王花（P.124）
熱帶莽原氣候
一年到頭都很熱，雨季和乾季區分得非常清楚。有著廣大的草原，上頭也有零星的樹木，但是每到乾季的時候，草就會枯萎，樹木也會落葉。
魔鬼爪（P.32）

超級乾的乾燥氣候植物
乾燥氣候地區非常乾，雨水非常少，一天的溫差非常大，而且還會颳大風。依照降雨量，還可以細分成二種氣候。
樹木要成長，需要大量的水分，所以這個地區幾乎沒有樹木。
百歲蘭
(P.159)
用一句話來說明……
缺乏水源，所以長不出樹木。
風滾草
(P.110)
什麼都沒有。
半乾旱氣候
雖然很乾燥，但是降雨量比沙漠氣候多一些，所以能長出低矮的草，形成廣大的草原，從古至今都有人在這些地區放牧牛、馬。
沙漠氣候
一整年幾乎不會下雨，因此幾乎沒有草或樹木，而且因為空氣乾燥，天上沒有雲，導致日照強烈，日夜溫差非常大。
好暖和的溫帶氣候植物
溫帶氣候是非常溫和宜人的氣候，由於生活舒適，所以人口較多，栽種各種植物的人也多。
還可細分成夏天多雨的「溫帶溼潤氣候」、溫差和雨水都較少的「西岸海洋型氣候」，以及一整年都很溫暖且夏天雨量較少的「地中海型氣候」。
蒲公英
(P.50)
用一句話來說明……
四季分明，所以植物種類也相當豐富！
義大利紅門蘭
(P.84)

有點冷的亞寒帶氣候是這樣的地方！

亞寒帶氣候的夏季比冬季長，夏季白天很長，到了冬季變成夜晚很長，降雪量也多。

還可細分為整年降雨都很多的「亞寒帶多雨氣候」，以及只有夏天才多雨的「亞寒帶夏雨氣候」。

捕蟲菫
(P.38)

用一句話來說明……

勉強有一些森林！

寬大的葉子能接收更多的太陽光！

闊葉樹

擁有細長的葉子，能忍受寒冷和乾燥！

針葉樹

必須要有一定程度的溫度和水分，樹木才能生長。樹葉的形狀像針的針葉樹，比樹葉形狀寬大的闊葉樹更能適應寒冷和乾燥，但即便如此，生長在亞寒帶氣候已經算是極限了。

超級冷的寒帶氣候是這樣的地方！

寒帶氣候區是地球上最寒冷的地區，一年之中有些日子一整天都照不到陽光。這裡不下雨只下雪，樹木和蔬菜都難以生長，所以住在這裡的人類大多靠打獵和捕魚為生。

苔藻堆
(P.66)

用一句話來說明……

實在太冷了，植物相當少。

只吃青苔的日子。

凍原氣候

雖然一整年都很冷，但是夏天的平均氣溫超過0℃，地面上的冰雪會融化，生出一些苔類植物，有些地方還會長出高山植物或低矮的樹木。

冰雪氣候

一年到頭都很冷，就算是夏天，平均氣溫也不會超過0℃，地面永遠被雪或冰覆蓋，從來不會融化，幾乎沒有植物。

日本可說是氣候的寶庫！

日本從北海道到沖繩，屬於南北狹長的形狀，依地區不同，氣候從亞寒帶氣候到亞熱帶氣候都有。而且太平洋沿岸的氣候，和日本海沿岸的氣候也不相同，因此只要在日本各地旅行，就能看見各式各樣的不同植物。

下方以圖畫方式，呈現出各地自然生長或人工栽種的植物。

亞寒帶

北海道

就算是夏天也不太熱，冬天則是非常寒冷，降雨量少，沒有梅雨季。

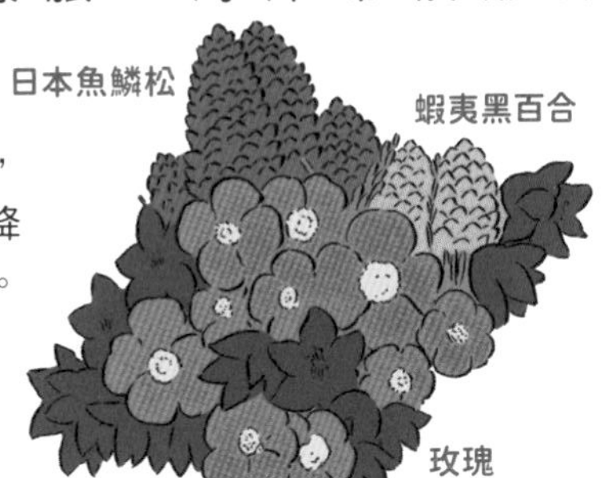

溫帶

日本海沿岸

冬天經常下雨或下雪，尤其北部地區經常會積雪，夏天則大多是晴朗的天氣。

中央高地

夏季和冬季的氣溫差距非常大，一整年都很少下雨。

雪山茶
鬱金香
水仙
文殊蘭
龍膽
青剛櫟的樹實
油橄欖
桃子
錐栗的樹實
銀杏
柑橘
細葉榕
木槿
刺桐

瀨戶內海沿岸

一年到頭很少下雨，但是氣候溫和宜人。

太平洋沿岸

夏天經常下雨，尤其南部地區非常悶熱。冬天則大多是晴朗的天氣。

西南群島

一整年都很溫暖且雨量多，經常有颱風接近。

亞熱帶

或許是因為氣候的關係，
地球上充滿了千奇百怪的植物。